锚固与注浆技能培训丛书

钻孔施工技术

中国岩石力学与工程学会锚固与注浆分会　编
彭春雷　主编

中国电力出版社
CHINA ELECTRIC POWER PRESS

内 容 提 要

本书为《锚固与注浆技能培训丛书　钻孔施工技术》分册，共分为十章内容。第一章硬质合金钻孔，主要介绍了各种硬质合金钻头及其钻进工艺技术等内容；第二章金刚石钻孔工艺，主要介绍了常见的金刚石钻头、钻具及其选择、使用方法等；第三章牙轮钻进工艺，主要介绍了几种常见的牙轮钻头及其钻进工艺原理等；第四章冲击回转钻孔工艺，主要介绍了冲击回转钻进的基本原理、钻具结构分类及其钻进工艺技术等；第五章其他钻进工艺方法，主要介绍了反循环钻进、受控定向钻进和特殊地层钻进等钻进工艺技术；第六章钻孔冲洗液与护壁堵漏，主要介绍了各类钻孔冲洗液和护壁泥浆的性能、适用条件以及护壁方法等。第七章钻孔的防斜和纠斜，主要介绍了钻孔偏斜的原因、孔斜测量及纠斜处理方法等内容；第八章钻孔事故的预防和处理，主要介绍了常见的钻孔事故及其对应的处理方法；第九章钻孔施工质量及验收，主要介绍了质量检验的内容、标准和资料收集整理等；第十章钻孔施工组织与管理，主要介绍了施工准备工作、组织设计内容、施工记录和安全文明措施等方面的内容。

本书主要供从事锚固与注浆现场施工的技术工人或施工人员培训使用，也可供岩土工程与地下工程设计施工的工程技术人员、设备管理人员、科研院所、大专院校有关专业人员参考。

图书在版编目（CIP）数据

钻孔施工技术/彭春雷主编；中国岩石力学与工程学会锚固与注浆分会编．—北京：中国电力出版社，2019.10（2021.7重印）

（锚固与注浆技能培训丛书）

ISBN 978-7-5198-3811-9

Ⅰ.①钻…　Ⅱ.①彭…②中…　Ⅲ.①钻孔—工程施工　Ⅳ.①P634.2

中国版本图书馆 CIP 数据核字（2019）第 229308 号

出版发行：中国电力出版社

地　　址：北京市东城区北京站西街 19 号（邮政编码 100005）

网　　址：http://www.cepp.sgcc.com.cn

责任编辑：姜　萍（010-63412368）　赵云红

责任校对：黄　蓓　闫秀英　王小鹏

装帧设计：郝晓燕

责任印制：吴　迪

印　　刷：北京天宇星印刷厂

版　　次：2019 年 10 月第一版

印　　次：2021 年 7 月北京第二次印刷

开　　本：787 毫米×1092 毫米　16 开本

印　　张：9

字　　数：157 千字

印　　数：1501—2000 册

定　　价：45.00 元

丛书编辑委员会

本册责任编写单位

湖南宏禹工程集团有限公司

中国水电七局成都水电建设有限公司

本分册参加编写单位

中铁十六局集团有限公司

煤炭科学研究总院

中国水利水电科学研究院

中南大学地球科学与信息物理学院

中科院广州化灌工程有限公司

中铁十六局集团北京轨道交通工程建设有限公司

四川共拓岩土科技股份有限公司

中国水利水电第八工程局有限公司基础公司

前　言

《锚固与注浆技能培训丛书》由中国岩石力学与工程学会锚固与注浆分会组织编写。

丛书分为锚固与注浆基础知识、锚固与注浆设备及机具、钻孔施工技术、注浆施工技术、锚杆施工技术、锚索施工技术、喷射混凝土施工技术、高压喷射注浆施工技术、深层搅拌施工技术、地下洞室加固施工技术等多个分册。

本套丛书汇集了水利水电工程、隧道与地下工程、矿山开采工程、边坡工程、建筑与路桥工程、国防工程等工程领域有关锚固与注浆施工的现场操作应用技术内容，是一套系统的适合岩土工程多行业应用的实用型技能操作培训用书。

本套丛书主要供从事锚固与注浆现场施工的技术工人或施工人员培训使用，也可供岩土工程与地下工程设计施工的工程技术人员、设备管理人员、科研院所、大专院校有关专业人员参考。书中收录的相关技术以及材料、设备将随行业发展和技术进步更新变化，仅供参考。

本书为《锚固与注浆技能培训丛书　钻孔施工技术》分册，共分为十章内容。第一章硬质合金钻孔，主要介绍了各种硬质合金钻头及其钻进工艺技术等内容；第二章金刚石钻孔工艺，主要介绍了常见的金刚石钻头、钻具及其选择、使用方法等；第三章牙轮钻进工艺，主要介绍了几种常见的牙轮钻头及其钻进工艺原理等；第四章冲击回转钻孔工艺，主要介绍了冲击回转钻进的基本原理、钻具结构分类及其钻进工艺技术等；第五章其他钻进工艺方法，主要介绍了反循环钻进、受控定向钻进和特殊地层钻进等钻进工艺技术；第六章钻孔冲洗液与护壁堵漏，主要介绍了各类钻孔冲洗液和护壁泥浆的性能、适用条件以及护壁方法等。第七章钻孔的防斜和纠斜，主要介绍了钻孔偏斜的原因、孔斜测量及纠斜处理方法等内容；第八章钻孔事故的预防和处理，主要介绍了常见的钻孔事故及其对应的处理方法；第九章钻孔施工质量及验收，主要介绍了质量检验的内容、标准和资料收集整理等；第十章钻孔施工组织与管理，主要介绍了施工准备工作、组织设计内容、施工记录和安全文明措施等方面的内容。通过本书的学习，锚固与注浆现场施工的技术工人或施工人员能迅速掌握钻孔施工技术知识，达到快速上岗的目的。

本书参考了大量的书刊资料，在此一并向这些书刊资料的作者表示衷心感谢。限于编者水平，书中不足在所难免，恳请广大读者提出宝贵意见。

编者
2019 年 10 月

目　录

第一章　硬质合金钻孔

硬质合金钻孔是把不同几何形状和一定尺寸的硬质合金块，按照一定要求镶嵌在钻头体上，并按一定钻进规程破碎岩石并钻进成孔的方法。一般适用于可钻性为1～6级及部分7～8级的岩石，常用的硬质合金钻头直径有75mm、91mm、110mm、130mm、150mm等规格。

影响硬质合金钻进的因素包括：岩体的硬度、研磨性、裂隙率、不均匀性，硬质合金的硬度、强度、韧性和抗磨性能，合金切削具的形状、规格、切削具在钻头体上的排列形式及数量、镶焊的方法及镶焊的质量，采用的钻压、转速和泵量等。

第一节　硬质合金

一、合金组成及使用条件、产品分类

1. YG类硬质合金组成

钻探用的硬质合金，主要是碳化钨（WC）-钴（Co）类合金，统称为YG类硬质合金，也称钨钴合金。YG类硬质合金是以碳化钨粉末为骨架金属，钴粉末为黏结剂，经粉末冶金方法压制烧结而成的。

2. 岩芯钻探用硬质合金具备条件

（1）切削刃尖，接触面小，便于切入岩石。

（2）有较大的强度和耐磨性，抗崩、抗磨。

（3）具有适当的尺寸和形状，能与钻头体牢固焊接。

（4）合金磨损后仍具有一定的切削能力（具有一定的自锐作用）。

3. 硬质合金产品分类

当前钻探工作中使用的硬质合金为定型产品，其形状有片状、柱状及针状三类。其中片状切削具片薄刃宽，易于切入和切削岩石，但抗弯能力较差，主要用于钻进1～4级塑性软岩；柱状切削具的抗弯、抗压能力较强，其切入和切削面较小，主要适用于钻进4～7级中硬岩层；针状硬质合金以及未列入正规产品的

薄片硬质合金，都可用来制造自磨式钻头。

第二节　硬质合金钻头

一、硬质合金钻头适用范围

硬质合金钻进适用于软及中硬地层中钻进，更硬的地层或硅化程度较高的地层以及强研磨性地层，都不宜采用硬质合金钻进。在硬质合金钻进中，必须针对各类地层的特点，选用合适的钻头和最优的钻进工艺。

表 1-1 列出了一些常用的硬质合金钻头及其适用范围，钻进时可根据岩石的可钻性、研磨性和钻进要求，选择合适的钻头。

表 1-1　　硬质合金钻头及其适用范围

类别	钻头型式	岩石可钻性级别									岩石
		1	2	3	4	5	6	7	8	9	
不取心钻进	闪电式钻头	▨	▨	▨							覆盖层，黏土，细砂岩
	矛式钻头		▨	▨	▨						覆盖层，黏土，细砂岩
	三翼阶梯钻头			▨	▨	---					泥质页岩，砂页岩
	环翼钻头				▨	▨	▨	---			泥岩，粉砂岩，石灰岩
磨锐式钻头	螺旋肋骨钻头		▨	▨	▨						松软可塑性岩层
	阶梯肋骨钻头			▨	▨	▨					页岩，砂页岩
	菱形薄片钻头	▨	▨	▨							可塑性岩层，黏土层
	斜角薄片钻头			▨	▨						砂页岩，细砂岩，大理岩
	内外镶钻头		▨	▨	▨	▨					均质大理岩，灰岩，松软砂岩，页岩
	单双粒钻头				▨	▨	---				中研磨性铁质及钙质砂岩
	品字形钻头				▨	▨	▨				灰岩，大理岩，细砂岩
	大八角钻头						▨	▨	---		软硬不均夹层，裂隙研磨性岩层
	三大式钻头					▨	▨	▨			多裂隙研磨性灰岩。硅化灰岩
	负前角阶梯钻头					▨	▨	▨			辉长岩，玄武岩，砂岩，灰岩
	破扩式钻头		▨	▨	▨	▨					大理岩，砂砾岩，砾岩
	小切削具钻头					▨	▨	▨	▨		致密弱研磨性中硬岩层

续表

类别	钻头型式	岩石可钻性级别									岩石
		1	2	3	4	5	6	7	8	9	
自磨式钻头	胎块针状合金钻头						////	////	- - -		中硬及中研磨性岩层，片麻岩闪长岩
	钢柱针状合金钻头						////	////	////		中硬及研磨性岩层，石英砂岩，混合岩
	薄片合金钻头						////	////			中研磨性岩层，粉砂岩，砂页岩
	碎粒合金钻头						////	////			中研磨性岩层，硅化灰岩

二、硬质合金钻头分类

硬质合金钻头有不取芯的全面钻头和取芯钻头两类，具体分类情况见图 1-1。

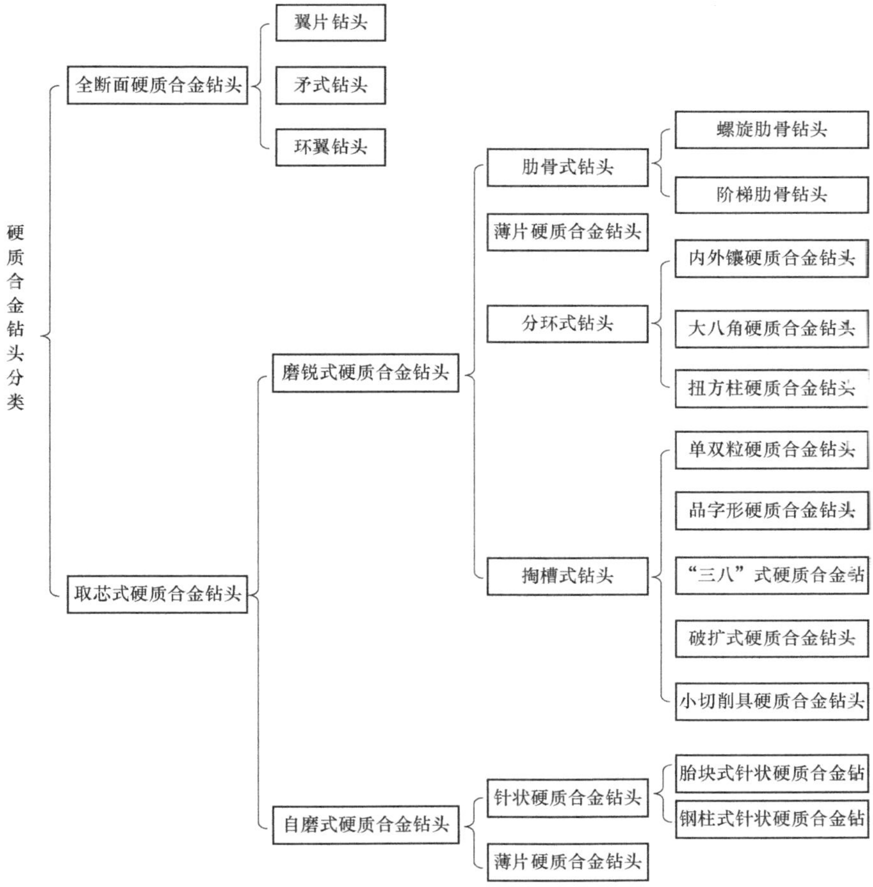

图 1-1　硬质合金钻头分类

（一）全断面硬质合金钻头

在某些覆盖层或已经探明的围岩层中，常常不需要采取岩芯，则可采用全断面钻进。全断面钻进可以节省许多非钻进时间，且不存在取芯钻中容易发生的堵芯事故和回次进尺受限制问题以及钻进规格要求严格等缺点，因此钻进效率有很大提高。

1. 全断面钻进的特点

（1）全断面钻进孔底碎岩的面积比取芯钻进大，相应的钻进所需的钻压和回转力矩也都需增大，所需的钻进功率和能量消耗也增大，可尽量利用阶梯式碎岩方式。

（2）碎岩面积增大后，同样钻速下单位时间产生的岩粉量增多，应尽量采用有利于冲洗孔底和排除岩粉的措施。在硬岩中可利用喷射钻进技术以取得特殊效果。

（3）全断面钻头在回转钻进中，沿径向各点的运动线速度差别很大，由此产生的钻头切削刃的不均匀磨损比较严重。外缘磨损大而中心磨损小致使发生沿径向压力不均匀问题。同时，中心部分线速度很小，破碎岩石较困难，在中心处常有小岩突起，造成钻压往中心集中的问题。

全断面钻进在不同的岩层存在不同的问题：①在软岩中，磨损小、钻速高、钻头寿命较长，排粉是主要问题，应尽量利用喷射效用，以取得更大的效果。②在硬岩钻进中，钻具磨损大、钻进难、钻头寿命短，钻头的不均匀磨损是主要问题，中心突起也严重的影响钻速。

2. 全断面硬质合金钻头分类

全断面硬质合金钻头大体上可分为翼片钻头、矛式钻头和环翼钻头三类。

（1）翼片钻头。图 1-2 为三翼片阶梯钻头，钻头体制成圆锥炮弹状，便于冲洗岩粉。翼片用电焊法焊于钻头体上，在翼片边缘镶焊 K413 硬质合金切削刃，在翼片之间开有直径为 10mm 并与轴线呈 15°的水眼。水眼大小和位置对钻进效率影响较大，一般流速应达到 12～20m/s 或更高。三翼片阶梯钻头适用于钻进 3～4 级页岩，部分 5 级砂页岩及灰岩。

（2）矛式钻头。图 1-3 所示为增设副翼的矛式钻头，其主翼前端呈锥形，副翼较短，起划眼保径作用。在翼片边缘镶焊 K572 硬质合金切削具，以增强其切削和抗磨性能。钻头中间有一个直径 27mm 的水眼，为增大流速可制成直径 14mm 的收敛式水眼。钻头适用于钻进 2～4 级红色黏土、疏松砂岩以及塑性强的地层。

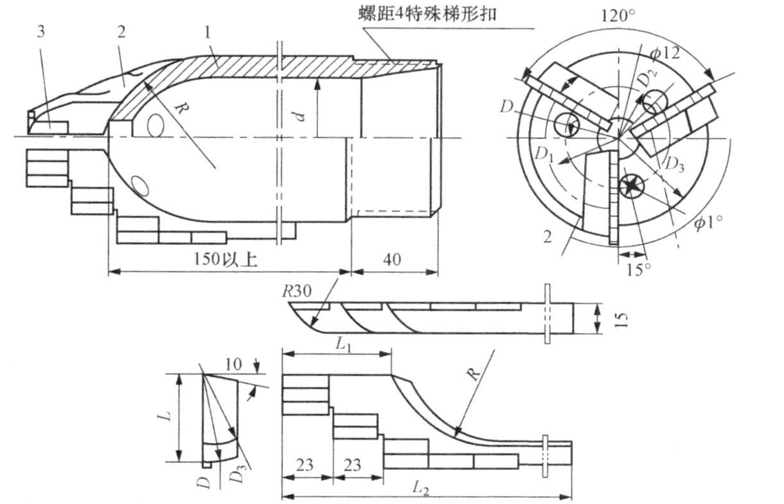

图 1-2　翼片钻头

1—钻头体；2—翼片；3—硬质合金切削具

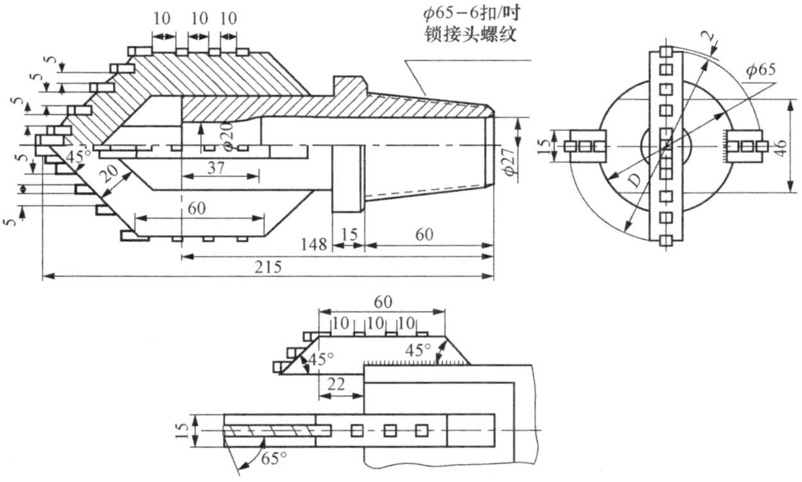

图 1-3　矛式钻头

（3）环翼钻头。图 1-4 为环翼全面钻头。在圆环钻头内焊有三个翼片（或四个翼片）形成全面钻头。在翼片上交错焊 K571 硬质合金切削具，在钻头圆环部镶焊 K531 或 K571 型硬质合金切削具。钻头适用于 4～6 级与部分 7 级岩石，如粉砂岩及石灰岩等中硬岩层。

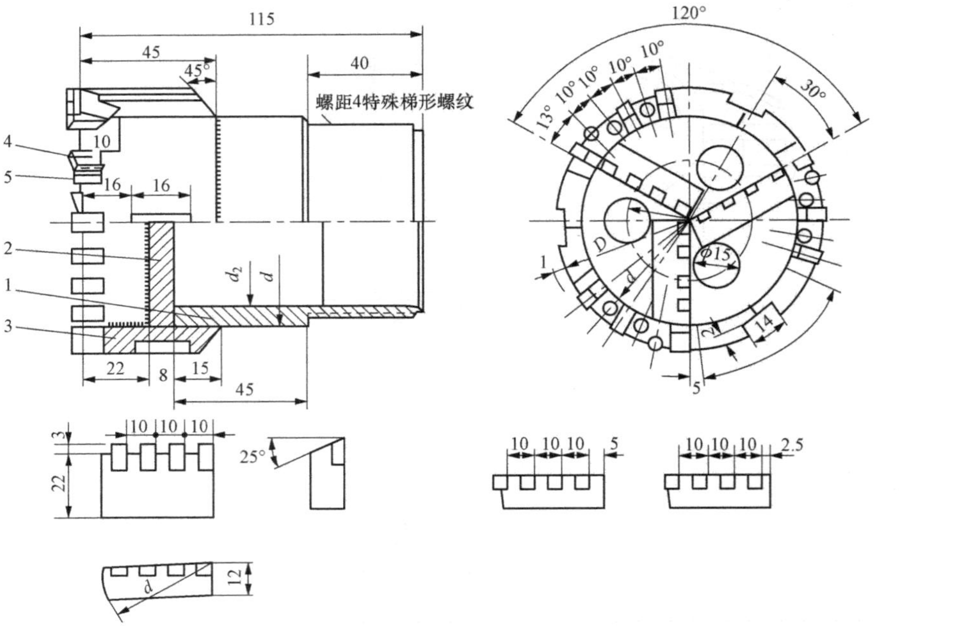

图 1-4　环翼钻头

1—钻头；2—隔板；3—钻头外环；4—切削具；5—切削具

（二）取芯式硬质合金钻头

根据钻进性质和使用范围的不同，可分为磨锐式硬质合金钻头和自磨式硬质合金钻头两大类。

1. *磨锐式硬质合金钻头*

磨锐式硬质合金钻头是钻头磨钝后可修磨锐利的钻头。磨锐式钻头只适应于研磨性小的软及中硬岩石。

（1）松软及中软岩层所用的钻头为肋骨式钻头。肋骨式钻头主要用于钻进遇水膨胀、黏性较大的软岩。依钻头结构不同，分为螺旋肋骨钻头和阶梯式肋骨钻头和薄片硬质合金钻头。

1）螺旋肋骨钻头：螺旋肋骨钻头采用 K572 型硬质合金切削具镶焊而成。钻头外面有 3 块与钻头底唇面呈 45°的螺旋，如图 1-5 所示。回转钻进时，流通载截面大，可使孔底干净，从而提高钻进效率。螺旋肋骨钻头适用于钻进 2～5 级较软的岩层、覆盖层、黏土层、风化砂岩及铝土页岩等。

2）阶梯肋骨钻头。该类钻头是用 K531 型硬质合金切削具镶焊而成的，如图 1-6 所示。该类钻头的特点是肋骨片较厚、水口宽大、钻进时孔底呈阶梯状。

可钻进 3～5 级岩层，如页岩、砂页岩和胶结不紧密的砂岩等。

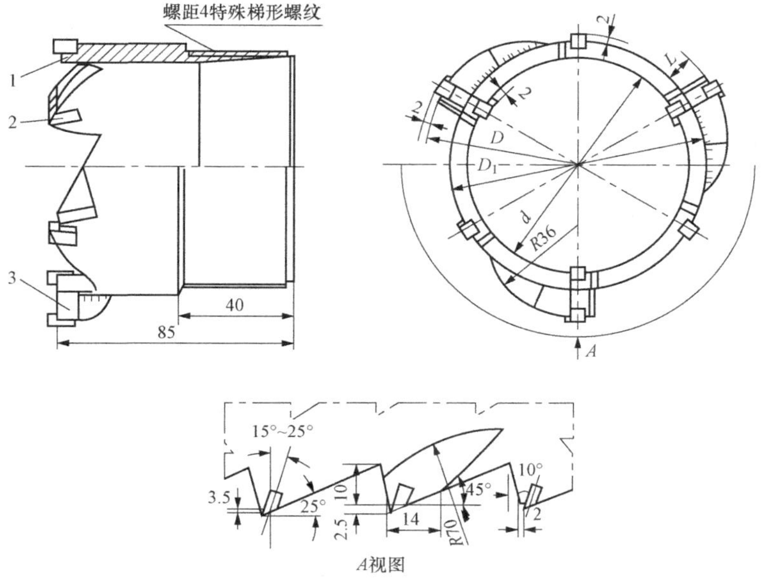

图 1-5　螺旋肋骨钻头

1—钻头体；2—切削具；3—肋骨

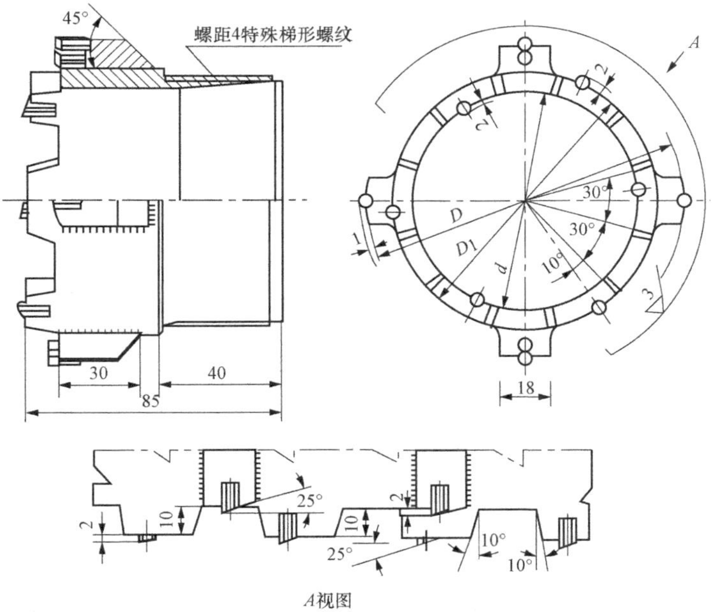

图 1-6　阶梯肋骨钻头

3）薄片硬质合金钻头：该类钻头主要用以钻进黏结性较小的软岩。钻头的特点是：底出刃较大，适合于深度大的钻进条件。内、外出刃一般也较大，以保证有较大的间隙冲洗岩屑。切削刃尖锐锋利，多采用有掏槽刃的结构。图 1 - 7（a）为菱形薄片钻头，出刃较大，掏槽刃更为超前；图 1 - 7（b）为斜角薄片钻头，该钻头的掏槽刃顺圆周镶焊，比之横镶的菱形薄片钻头的掏槽刃有较大的抗弯能力。菱形薄片钻头与斜角薄片钻头相比，更适合于钻偏软的地层。

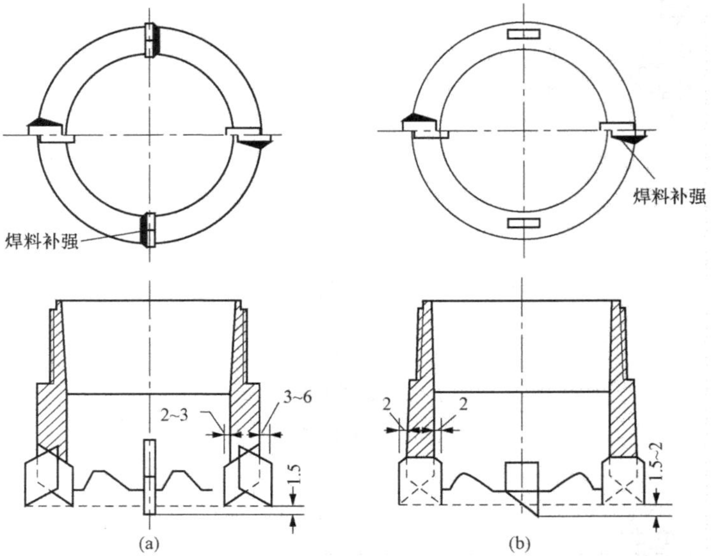

图 1 - 7　薄片硬质合金钻头

（a）菱形薄片钻头；（b）斜角薄片钻头

（2）中硬及较硬岩层用的钻头。此类岩层中钻进的特点是岩石的压入硬度较大。为了保证切削具切入岩石，需有大的轴向压力，因此，要求切削具有承受较大的抗弯能力；切削具切入深度较小，钻速相对较低，所以单位时间产生的岩粉量也较软岩要少；同时一般岩石脆性较大、黏性小，排粉问题不很突出。因此，在这类岩层中钻进，主要的问题是碎岩和磨损。故切削具的排列应创造条件，有利于碎岩，有利于硬质合金抗磨。此类岩层在地质勘探钻进中所占的比例较大，钻头的种类也多。按切削具在钻头上排列的特点，分为分环式和掏槽式两大类。

1）分环式钻头。分环式钻头的特点是将孔底环状面分为数环进行分别破碎。按钻头结构不同，分环式钻头典型的钻头如下：

——内外镶硬质合金钻头。图 1 - 8 所示为内外镶硬质合金钻头。钻头上镶有 K573 型硬质合金，在较硬的岩层也可镶 K531 型硬质合金。内外出刃一般为 1～2mm，底出刃为 2～3mm。切削具可斜镶也可直镶，孔底形成二环阶梯。这类钻头适用于 3～5 级岩层，如均质石灰岩、大理岩、较松散的砂岩和页岩等。

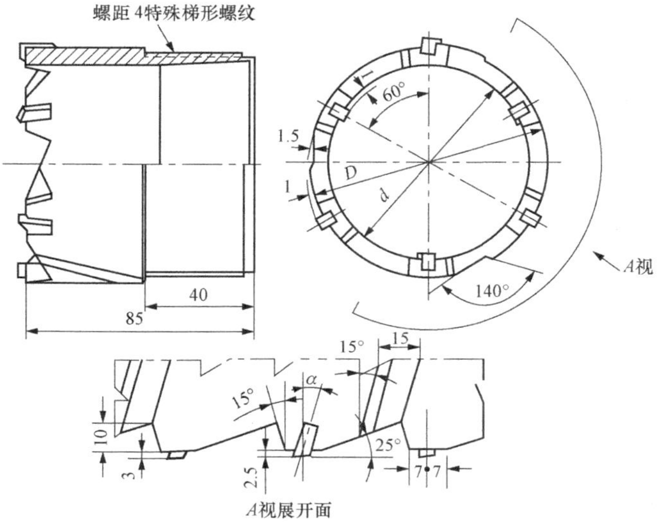

图 1-8　内外镶硬质合金钻头

——大八角硬质合金钻头。图 1-9 所示为大八角硬质合金钻头。钻头壁厚 10mm，镶焊 K534 硬质合金，可斜镶、直镶。用以钻进 5～7 级和部分 8 级非均质岩层。如长石灰岩、硅化灰岩、凝灰岩等。

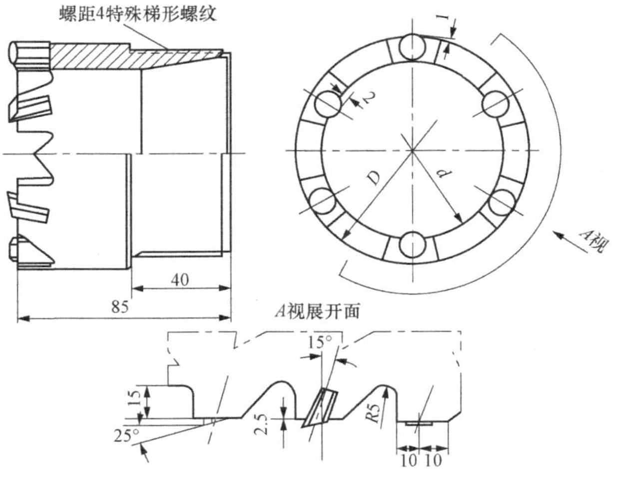

图 1-9　大八角硬质合金钻头

——扭方柱硬质合金钻头。把方柱硬质合金切削具扭转45°镶焊，有利于碎岩和排粉，特别是负斜镶后，接触岩石的面积减小，抗弯性能增强。图1-10所示为一扭方柱硬质合金钻头，也称“负前角阶梯钻头”。该钻头镶焊K572型硬质合金切削具。方柱切削具扭转45°，分内、中、外3环分布。并把切削具镶成10°～15°负前角斜镶。3环的底出刃不同，成阶梯状。这种钻头的特点是能承受较大的轴向压力，不易崩刃，但镶焊较难。扭方柱硬质合金钻头可钻进5～7级及部分8级中硬岩层。特别适用于钻进研磨性大、均匀性差的岩层。如辉长岩、玄武岩、砂岩、风化的辉绿岩、闪长岩、硅化的页岩和石灰岩等。

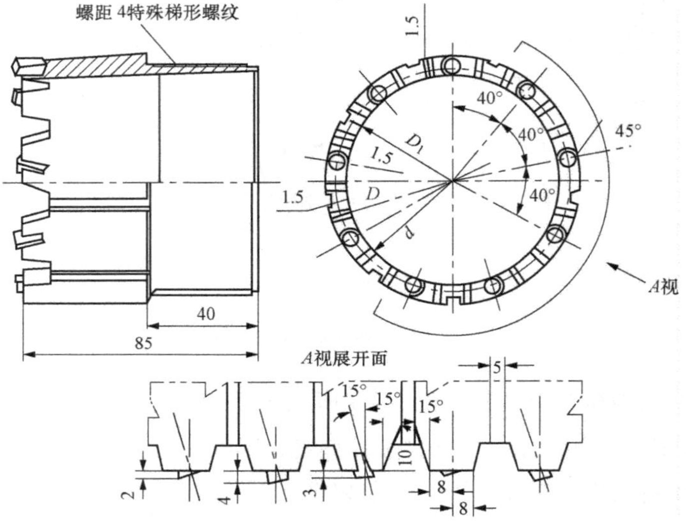

图1-10　方柱硬质合金钻头

2）掏槽式钻头。掏槽式钻头一般用中环切刃掏槽，再用内、外切刃扩槽。采用掏槽方式更有利于碎岩，特别是在较硬的岩层中有好的效果。其代表性的钻头有：

——单双粒硬质合金钻头。图1-11所示为单双粒硬质合金钻头。钻头上镶焊K531型硬质合金切削具，单粒掏槽，双粒扩槽。该钻头钻进研磨性的4～5级及部分6级铁质及钙质砂岩效果较好。钻进软硬互层，可获得更好的效果。

——品字形硬质合金钻头，如图1-12所示。把3颗硬质合金切削具焊成组呈品字形，中间镶焊K531型硬质合金切削具掏槽；两边镶焊K573型硬质合金切削具扩槽。该钻头可钻进4～6级中硬岩层，如石灰岩、大理岩等，切削具可斜镶、直镶。

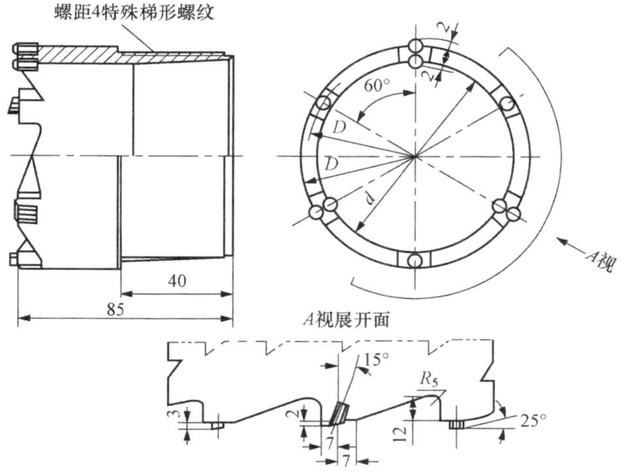

图 1-11　单双粒硬质合金钻头

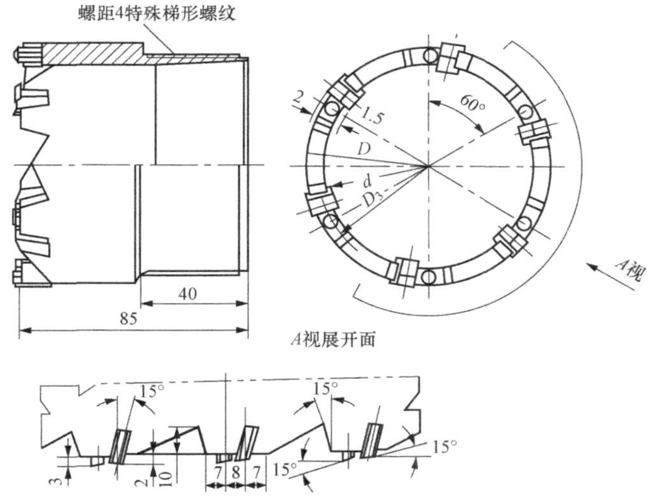

图 1-12　品字形硬质合金钻头

——三八式硬质合金钻头，如图 1-13 所示。该钻头用 K531、K532、K534 型小、中、大八角柱状硬质合金切削具顺序排成一组。形成连续掏槽、扩槽的碎岩作用，切削刃较耐磨，该钻头适用于钻进 5～7 级多裂隙的地层。

——破扩式硬质合金钻头，如图 1-14 所示为“2345”破扩式硬质合金钻头(以出刃值命名)。钻头上镶焊有经过修磨的 K533 型硬质合金切削具，每 3 颗成一组。前面硬质合金切削具的刃尖呈顺周边的一字形，底出刃最大，起掏槽作

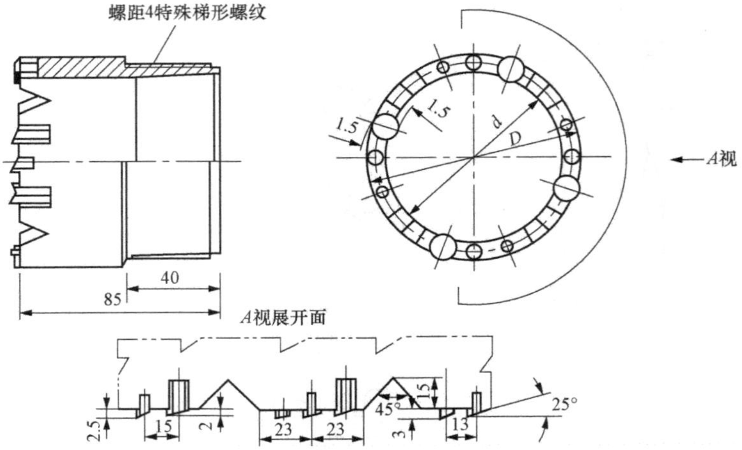

图 1-13　三八式硬质合金钻头

用；中间的硬质合金切削具镶焊在靠外侧，起扩槽作用；后面的硬质合金切削具是横镶的，两端都有刃，起保径（扩径）作用。3 颗硬质合金切削具的出刃，由后向前分别为 2、3、4、5mm。该钻头适用于钻进 4～5 级大理岩、砂砾岩、砾岩等岩层。有时将钻头中的前一颗硬质合金切削具去掉，用以钻进 2～4 级泥质细砂岩地层。这种钻头称为“2 3 4”型钻头。

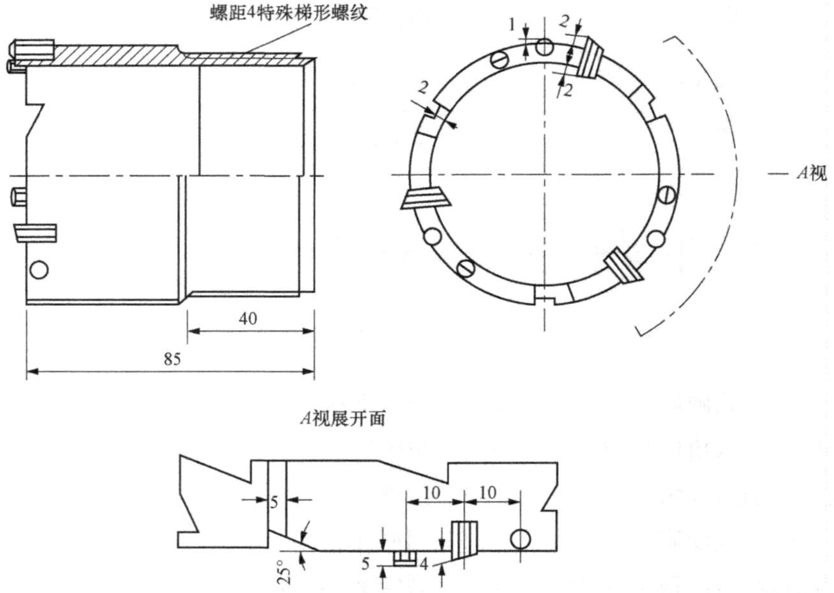

图 1-14　破扩式硬质合金钻头

——小切削具硬质合金钻头：图 1-15 所示为小切削具硬质合金钻头。这种钻头采用 3×3mm 小断面方柱硬质合金切削具，把孔底环状面分为 4 环。由两个主切削具分别在中间掏槽，两个副切削具分别在内、外扩槽，4 个切削具构成一组。这种钻头用于钻进 5～6 级的中硬岩层，如灰岩、泥质板岩等。这种钻头的特点是一个钻头上的切削具数目较多。如 ϕ91 和 ϕ110 的钻头上镶有 6 组切削具共 24 颗硬质合金，具有小刃多刀的特点。

2. 自磨式硬质合金钻头

为了克服磨锐式钻头在钻进中不断被磨钝的问题，选用小断面切削刃（薄片或小圆柱），使在钻进中切削刃磨损后与岩石接触面积保持不变，即不会变钝，称为自磨式钻头。但这种切削具因断面较小而抗折断能力较差，为此需要用钢片或其他易磨金属把切削具支撑或包裹起来以增强其抗弯能力。这种钻头在钻进过程中，随着切削具被磨损，支撑金属先于切削具被磨掉，从而使切削具经常出露。这种钻头钻进的特点是钻速基本保持不变。

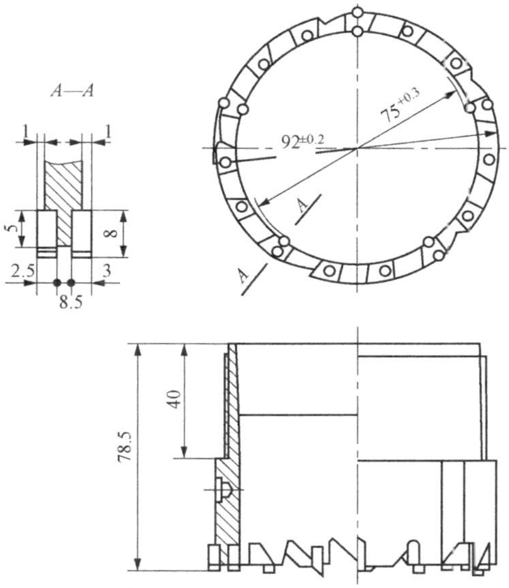

图 1-15 小切削具硬质合金钻头

自磨式硬质合金钻头主要用于钻进硬而研磨性大的可钻性 6～8 级岩石。自磨式钻头的切削具由硬质合金和支撑体两部分组成。硬质合金切削具有针状合金、薄片合金和碎合金粒等；支撑体采用软钢片和软钢柱或粉末冶金等作胎块。

（1）针状硬质合金钻头。

1）胎块式针状硬质合金钻头。针状硬质合金胎块见图 1-16，胎块式针状硬质合金钻头见图 1-17。

2）钢柱式针状硬质合金钻头。这种钻头与上述胎块式针状硬质合金钻头的不同之处是 ϕ2×10 的针状硬质合金嵌在 ϕ9 的软钢柱中，针状硬质合金是破碎岩石的硬支点，软钢柱是支撑体。在一个软钢柱中嵌有两根针状硬质合金，在另一软钢柱中嵌有 3 根针状硬质合金，这两个钢柱体构成一组，完成 9mm 宽的孔底环槽的碎岩工作。钢柱式针状硬质合金钻头如图 1-18 所示。

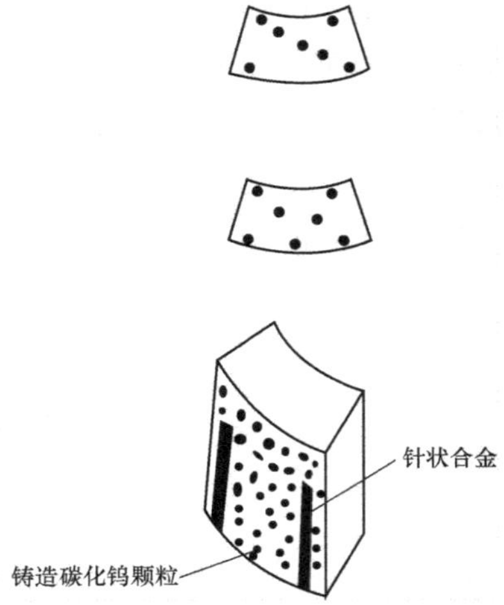

图 1-16　针状硬质合金胎块

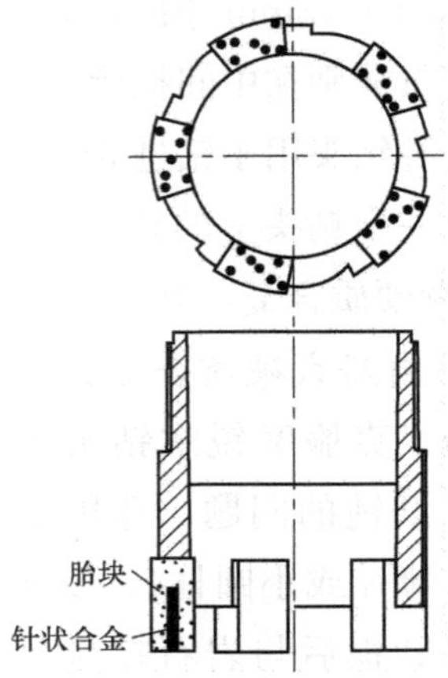

图 1-17　胎块式针状硬质合金钻头

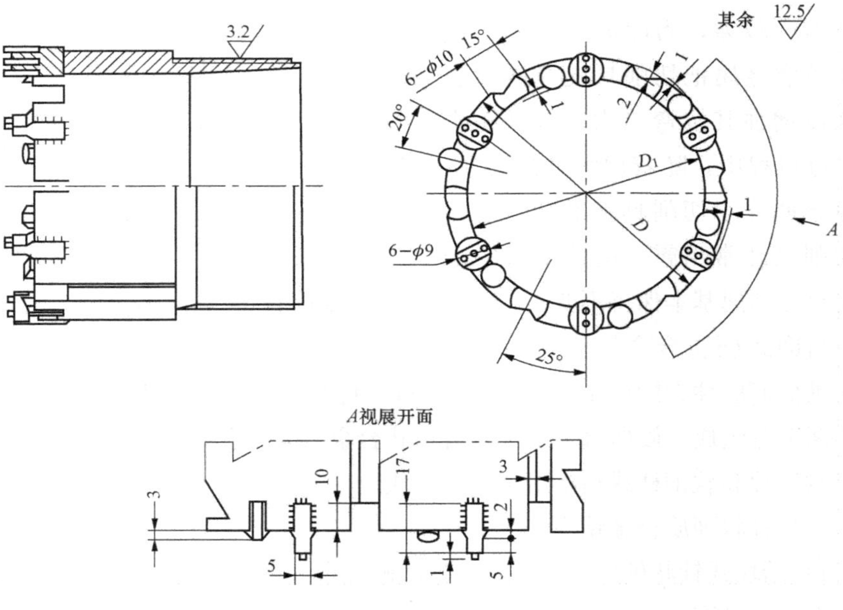

图 1-18　钢柱式针状硬质合金钻头

这种钻头可有效地钻进 5～8 级岩层。

（2）薄片硬质合金钻头。

图 1-19 所示为单双柱薄片硬质合金钻头，这种钻头在钻进 6～7 级研磨性大的岩层时比普通硬质合金钻头具有较大的优越性。

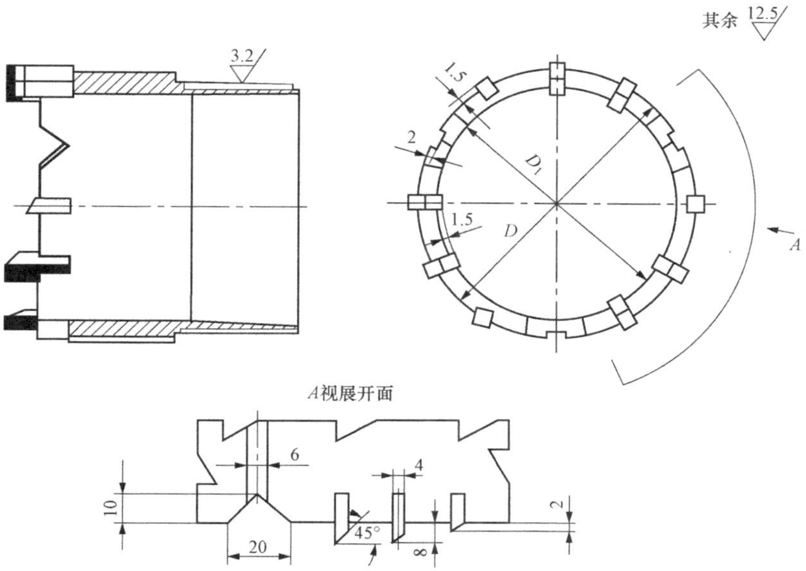

图 1-19　单双柱薄片硬质合金钻头

第三节　硬质合金钻进技术

硬质合金钻进技术基本的出发点是保证最大的平均钻速和最长的钻头寿命，因此，必须根据岩石的性质、所选钻头的结构特点及钻孔和设备条件来掌握调控钻压、转速、冲洗液量三个钻进过程中可以控制的参数值。

一、钻压定义及钻压对钻速影响

1. 钻压定义

钻压也称轴向压力。钻压的大小对钻进效率和钻头寿命有很大的影响，在一定范围和一定条件下，钻速和钻头寿命都随钻压的增大而增加。

2. 钻压对钻速的影响

钻压对钻速的影响可分为三个阶段，第一阶段为表面破碎阶段：钻压小于岩石压入硬度时，切削具未能切入岩石，只在岩石表面以摩擦形式破碎岩石，此段内钻速随钻压的增大而增大，但钻速很低；第二阶段为疲劳破碎阶段：钻压接近岩石压入硬度时，切削具虽未能切入岩石，但在岩面上形成许多裂纹，经切削具重复作用，也产生体积破碎；第三阶段为体积破碎阶段：钻压大于岩石压入硬度，使切削具切入岩石呈体积崩落破碎，钻进效果明显，此时的钻压值即为最优钻压值。

随着切削具逐渐磨损变钝，在钻进过程中，应随切削具的逐渐磨钝而逐渐增大钻压，以保证以体积破碎方式进行钻进，直到不可能或不应当再增大钻压时为止。

硬质合金钻进时应根据岩石性质、钻头结构、钻孔深度和设备条件来合理地选择最优压力值，钻头上每颗合金应加的钻压推荐值见表 1 - 2。

表 1 - 2　　每颗合金应加的钻压推荐值

岩石性质	切削具形式	加在每颗合金上的压力（N）
1～3 级软塑性岩石	片状合金	500～600
4～6 级中硬均质岩石	柱状合金	700～1200
7～8 级硬的致密岩石	柱状合金	900～1500
7～8 级硬的研磨性岩石	针状合金	1500～2000

钻压 p 的确定：

$$p = p_i m \qquad (1-1)$$

式中　p——钻头上的总压力；

p_i——每颗切削具应有的压力；

m——钻头上切削具的颗数。

二、转速的定义及影响钻速的因素

1. 转速

钻头的转速在现场以钻头每分钟的转动次数表示，单位为转/分钟，也可指钻头回转时的圆周线速度，单位为米/秒。

2. 影响因素

在一定条件下，钻头的转速直接代表了合金在孔底破碎岩石的次数。在不同的岩石中钻进，转速对钻速的影响不同。在泥质软岩中，钻速几乎与转速成正比增长；在坚硬、高研磨性的岩石中，钻速随转速增长相对较慢，且超过一定值，反而会导致钻速下降，主要原因是转速过快不利于裂纹充分发展，钻头磨损快；而在中等硬度、研磨性较小的岩石中，转速与钻速的关系介于二者之间。

在裂隙发育的岩石中钻进，为防止钻头崩刃，要适当降低钻头转速。此外，转速还受到钻孔深度、钻探设备和钻具强度等因素的限制。

为提高钻进效率，在一定钻压下，应根据钻探设备、岩石性质、钻头结构、孔径、孔深等条件适当增加转速；同时，还应适当增加钻压和改善排粉及冷却钻头的条件。一般情况下，钻进软岩或采用小口径钻进时，可用高转速；当钻进研磨性大的岩石或深孔钻进，以及大口径钻进时，应适当降低转速。见表 1 - 3。

表 1 - 3　　硬质合金钻头钻进时转速推荐值

岩石性质	钻头圆周速度（m/s）	不同直径钻头的转数（r/min）				
		150mm	130mm	110mm	91mm	75mm
研磨性小的岩石	1.2～1.4	150～180	180～210	210～250	250～300	300～350
稍有研磨性的中硬岩石	0.9～1.2	100～120	120～150	150～200	200～250	250～300
研磨性高的、硬的裂隙岩石	0.6～0.8	80～100	100～120	120～140	140～160	160～180

三、冲洗液的定义及功能

1. 冲洗液量

冲洗液量是指钻进时单位时间内送入孔内的冲洗液的量，有时也称为送水量和泵量。

2. 冲洗液的功能

冲洗液的功能可及时地排除岩粉，减少重复破碎，冷却切削具，防止刃端产生的热磨损，润滑钻具和保护孔壁。而排除岩粉是选择泵量的主要依据。一般来说，冲洗液量大，携带岩粉能力强，冷却效果好。但冲洗液量太大，将产生一定的反压抵消部分轴向压力，对孔壁和岩芯的冲刷作用也加强。一般，冲洗液量应根据所钻岩层的性质、钻压、转速、钻速等综合考虑确定。经验表明，钻孔排除岩粉的最佳孔内冲洗液上返流速应达到 0.45m/s 左右。

简便的冲洗量计算，可按式（1 - 2）进行：

$$Q = Fv \tag{1-2}$$

式中　Q——冲洗液量，m^3

F——钻杆与孔壁间的环状间隙，dm^2。

v——钻杆与孔壁之间的外环状空间中的水流速度，m/s。此速度一般取 0.3～0.45m/s。

采用磨钝式合金钻头钻进时，钻头口径大，且钻具与孔壁间的环状间隙大；为保证上返冲洗液流速，一般采用较大的泵量。当采用小口径针状合金钻头钻进时，钻具与孔壁的环状间隙较小，所以应采用较小的泵量和较大的泵压。冲洗液量推荐值见表 1-4。

表 1-4　　冲洗液量推荐值

岩石性质	不同直径钻头所需冲洗液量（L/min）		
	75mm	91mm	110mm
松软易破碎、怕水冲的岩石	小于 60	小于 70	小于 80
塑性无研磨性、均质岩石	100～120	120～150	150～180
致密均质及非均质、研磨性岩石	80～100	100～120	120～150

四、钻进参数的选择

一般情况下，硬质合金钻进时，由于合金的强度和耐磨性的限制，对于不同的岩石应有最优钻进参数，如表 1-5 所示。在钻进塑性松软地层时，宜采用高转速、小钻压、大泵量；在钻进 4～5 级中等硬度的岩层时，宜采用较高转速、中等钻压、较高稍小的泵量；钻进研磨性大而坚硬的岩层时，须采用大钻压、低转速、中等泵量或大泵量。

表 1-5　　钻进技术参数的配合

岩石	钻压	转速	冲洗液量
研磨性大而坚硬的岩石	大	小	大
裂隙岩石	大	小	相应地小
软岩	大	大	相应地大

1. 自磨式针状合金钻进

一般自磨式针状合金钻进仅适于钻进 6～8 级中硬以上岩层。

自磨式针状合金钻头钻进时，因合金总面积较大，一般胎块式针状合金钻头的钻压，比磨钝式普通钻头的钻压约大 20%。每块胎块钻压约 1500～2000N 左右。

因自磨式针状合金钻头是依靠胎体内的针状合金来切削并研磨、破碎岩石钻进的，所以增大转速是提高钻进效率的重要因素。经验表明，采用 300r/min 的转速可获得较高的钻速。

2. 硬质合金钻进技术操作要求

严格检查钻头的镶焊质量。认真做好钻头分组排队工作，轮换修磨使用，以保证孔径一致。排队使用的次序为，先用外径大内径小的钻头，后使用外径小内径大的钻头，以减少更换钻头后的扫孔、修磨岩芯的时间。

必须保持孔底清洁。孔内残留岩芯在 0.5m 以上或有脱落岩芯时，不得下入新钻头。孔底有崩落碎合金时，或由钢粒改为合金钻进时，必须将碎合金或钢粒捞尽磨灭后，才能下入合金钻头钻进。

新钻头下入孔底开始钻进时，应采用轻压、慢转、大泵量，缓慢地扫孔到底，避免发生合金崩刃、岩芯堵塞，影响整个回次的钻进效率。

扫孔到底钻进 3～5min 后，逐渐增加压力和转速，直到正常数值，以防合金崩刃；在压力不足的情况下钻进硬岩时，严禁采用单纯加快转速的做法，以免合金过早磨损。正常钻进或扫孔到底后，开始钻进时应使钻具呈减压状态开车，以防钻杆折断事故的发生。

正常钻进时，应保持压力均匀，不得无故提动钻具以免造成合金崩刃、岩芯折断堵塞；发现孔内有异常，如糊钻、憋水、岩芯堵塞或回转阻力加大等，应立即处理。处理无效时，需立即提钻。

当孔底遇有非均质、裂隙发育的岩石时，应适当降低压力和转速，以防合金崩刃。

在松软、塑性地层中使用肋骨钻头或刮刃钻头钻进时，为消除孔壁上的螺旋结构或缩径现象，每钻进一段后，应及时修正孔壁。

在钻进过程中，如遇采芯困难的岩（矿）层，如岩（矿）芯易被冲毁、磨耗等，应合理掌握回次长度，以保证岩（矿）心采取率。严禁贪图进尺，降低岩（矿）心采取率和使钻头磨损过多，孔径缩小而增加下一回次的扫孔时间。

采岩芯时，严禁使用钢粒做卡料。采芯时不要猛墩钻具，以免损坏合金。取芯提钻时要稳，防止岩芯脱落，退芯时，不要用大锤直接敲打钻头。拧卸钻头时，要防止管钳夹伤合金或夹扁钻头。

每次提钻后，要观察钻头磨损程度和岩芯状况，以便判断孔内有无异常、岩芯有无变化，以确定下一回次钻进的技术参数。

思考题

1. 试简述硬质合金钻头钻进的适用地层。

2. 简要回答在可钻性 4～5 级泥岩及 6～7 级砂岩中钻进选用何种取芯合金钻头较合适。

3. 简要回答大八角合金钻头钻进岩石以切削为主还是以磨削为主。为什么？

4. 简要回答硬质合金钻进灰岩地层如何选择钻压、转速及冲洗液量等参数。

实训题

1. 根据指定地层岩性，现场选择合金钻头及钻进工艺。
2. 现场识别不同的硬质合金钻头。

第二章　金刚石钻孔工艺

金刚石钻进具有钻进效率高，钻孔质量好，岩芯采取率较高，岩芯完整、光滑，钻孔弯曲较小，孔内事故少，装备轻，劳动强度低，钻探成本小等优点。在钻探施工中得到广泛应用。

第一节　钻孔用金刚石

一、钻探对金刚石的要求

1. *天然金刚石*

（1）硬度高，耐磨性强，强度高，冲击韧性好，脆性小。

（2）热稳定性好。

（3）外形完整，表面圆滑光亮，无蚀坑及松散表层，最好是近似球形、浑圆状的八面体和十二面体。

（4）内部无裂纹和其他缺陷。

2. *人造金刚石*

除有些要求同天然金刚石外，还要求：

（1）粒度 60 目的单颗抗压强度不低于 85N，最好在 100N 以上。

（2）晶形完整，最好是八面体、十二面体以及它们的聚形且呈浑圆状、团块状。

（3）单晶要进行磁选，剔除磁性强的部分。

（4）聚晶磨耗比不低于 30000，抗压强度、耐热性要符合一定要求。

二、金刚石聚晶烧结体和金刚石复合片

金刚石钻进由于人造单晶金刚石本身的特性（如硬度非常大等）在硬地层和坚硬地层中得到了广泛的应用。但是由于金刚石单晶颗粒小（人造单晶粒径不超过 1mm），限制了这种钻进方法在钻探上的应用，在软一中硬地层中不能发挥其钻进的优越性。为了改变这种状况，在人造单晶金刚石问世之后，相继研究出了

人造聚晶金刚石，也称金刚石聚晶烧结体和金刚石复合片。

1. 金刚石聚晶烧结体

金刚石聚晶烧结体的特点：

（1）耐热性好，有的达 1200℃时热稳定性性能基本不变，可与天然金刚石媲美，甚至超过天然金刚石。

（2）抗压强度高达 3000MPa。

（3）可以直接合成所需的片、块、圆柱等形状和一定大小的单体。

（4）致密、晶体交互生成，无裂隙，耐磨性能好。

（5）用于钻进中硬及部分硬地层。但由于硬度较低，不能用于大部分硬和坚硬地层。

2. 金刚石复合片

金刚石复合片的特点：

（1）复合片金刚石层中的金刚石含量高达 99%，黏结金属含量仅占 1%左右，因此金刚石层硬度高、耐磨性极好。

（2）复合片金刚石层很薄，一般控制在 0.5～1mm 左右。因此，刃口锋利而且始终保持自锐。

（3）复合片衬底硬质合金含钴量高、强度高，大大提高了整个复合片在孔底的抗冲击能力。

（4）由于聚晶金刚石层本身耐热性差，同时与硬质合金片的热膨胀系数相差悬殊，故复合片耐热性能较差，一般在 750 ℃以内。

（5）由于复合片刃口锋利，耐磨性好，故复合片钻头钻速高、寿命长、取芯率高、所需钻压小、孔斜小、钻孔质量好。

第二节　金刚石钻头及扩孔器

一、金刚石钻头及扩孔器

1. 金刚石钻头

用各种天然或人造金刚石制作的钻头统称为金刚石钻头。

2. 金刚石钻头分类

金刚石钻头依据钻进过程和碎岩特点的不同，可分为表镶金刚石钻头、孕镶金刚石钻头和聚晶体（包括复合片）金刚石钻头三类。

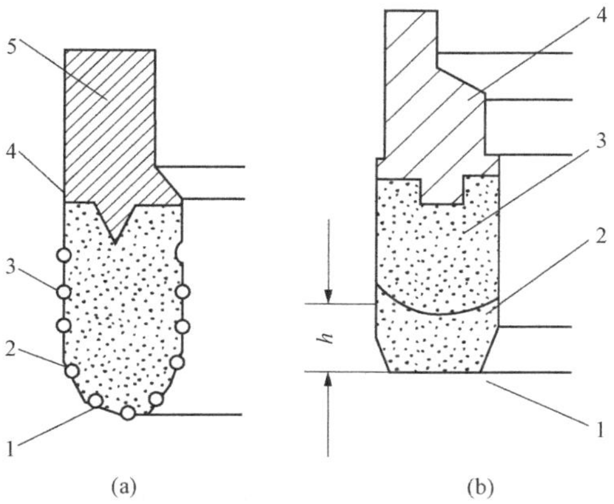

图 2-1 表镶钻头与孕镶钻头结构示意图

(a) 表镶钻头；

1—底刃金刚石；2—边刃金刚石；3—侧刃金刚石；4—胎体；5—钻头体

(b) 孕镶钻头

1—金刚石；2—工作部分胎体；3—非工作部分胎体；4—钻头体；h—孕镶层高度

(1) 表镶金刚石钻头。金刚石镶嵌在胎体的表层。

1) 金刚石的粒度和选择。金刚石分布在胎体表面上，当其刃角磨钝后可回收复用。表镶金刚石钻头选用中等粒度的金刚石，多为天然金刚石，常用的粒度为 15～60 粒/克拉，主要根据岩层性质来选择金刚石的粒度，岩层越硬越致密，选用的粒度可越小。具体粒度选择可参见表 2-1。

表 2-1　　表镶金刚石钻头用的金刚石粒度

等　级	粗　粒	中　粒	细　粒
粒度（粒/克拉）	15～25	25～40	40～60
岩　层	中　硬	硬	坚　硬

2) 金刚石在唇面的排列。金刚石在钻对唇面的排列和分布是表镶钻头的一个重要结构参量，任何部位金刚石的过量磨损都会影响整个钻头的工作。在钻进过程中，尤以外边的规径刃和内边棱部的金刚石的负担为最重，其次为底刃，再次为侧刃。金刚石在唇面上的排列方式有放射排列、螺旋排列和等距排列，如图 2-2 所示。在钻头唇面厚度方面多采用同心环分列，并在径向必须有一定的重叠度，以保证钻进中不会发生某环部因缺破碎岩石的刃而使孔底形成突起。这样不仅无法连续钻进，而且会将钻头唇部拉槽损坏。

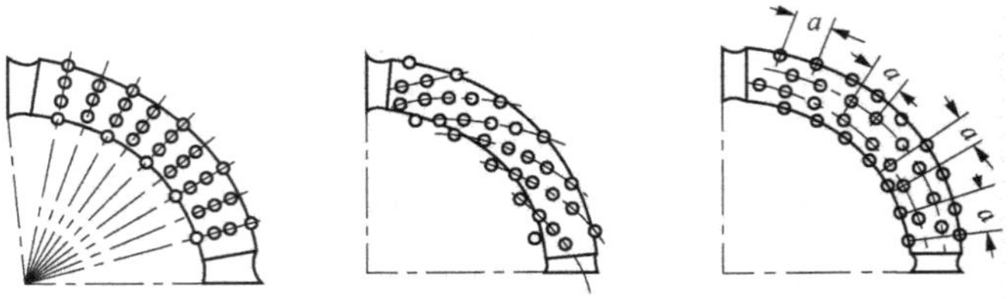

(a)　(b)　(c)

图 2-2　金刚石在钻头唇上的排列方式

(a) 放射排列；(b) 螺旋排列；(c) 等距排列

3）表镶金刚石钻头的唇部断面形状。表镶金刚石钻头的唇部断面有多种形状，按所钻岩石的性质、钻头的壁厚和工作稳定性的要求选择，具体钻头唇部断面形状与适应范围见表 2-2。

表 2-2　表镶金刚石钻头唇部断面形状与适应范围

唇部断面	适用范围
圆弧形 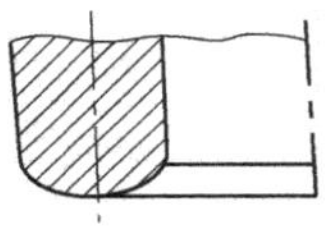	圆弧半径大于胎体厚度的一半。可较好地保护钻头的内外径，适合于钻进中硬和硬岩层，此形较易布置金刚石的定位眼和摆放金刚石，适用范围较广
半圆形 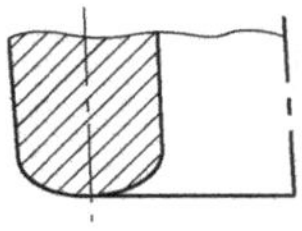	圆弧直径等于胎体厚度，呈半圆形。可布置较多的金刚石，缓解了规径刃的过分磨损，适用于钻进裂隙、坚硬的、软硬互层的研磨性地层
多阶梯形 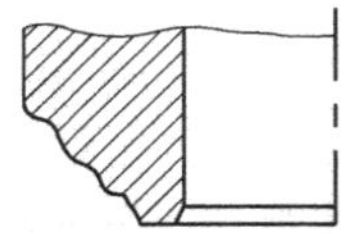	多用于钻头壁厚较大的，如绳索取芯钻头，适用于钻进中硬 - 硬岩层，有利于破碎岩石和导向，有时多采用单阶梯形
内锥形 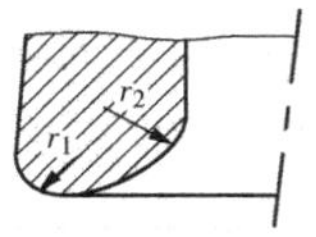	适用于钻进研磨性强的和破碎的岩层及容易引起钻头对内边刃过早磨损的岩层，也可钻进砾岩，用于厚壁钻头，如绳索取芯钻头和泥浆钻头

续表

唇部断面	适用范围
外锥形 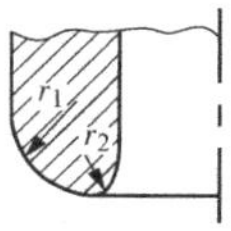	适用于钻进较软和易碎的地层，多用于双管和绳索取芯钻头

4）钻头的水口与水路。钻头的水路包括钻头的水口和水槽，钻头的水路直接影响孔底冲洗和钻进效果。水口的形式有直水口、正螺旋水口、反螺旋水口和底喷式水口等，如图 2-3 所示。钻头水口和水槽的数目和尺寸取决于钻头类型、钻头直径、金刚石粒度、冲洗液类型以及所钻岩层的性质和所采用的钻进规程等因素。由于表镶钻头唇面在钻进中与孔底岩面可有一定的距离，冲洗液可以从唇面流过，所以水口水槽不宜过大过多，以使主液流尽量流经唇面，较好地清洗岩粉和冷却钻头。

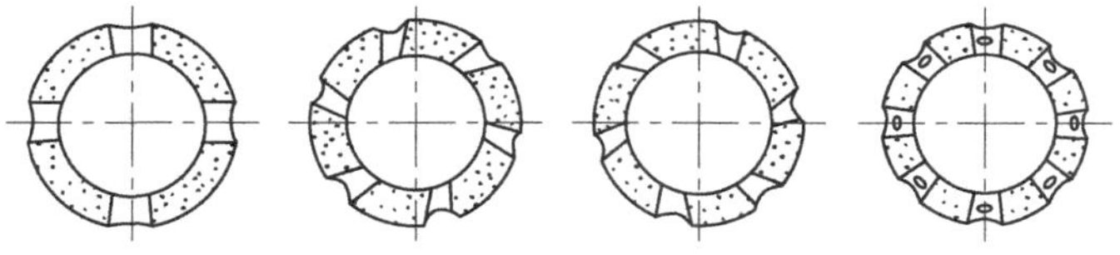

(a)　(b)　(c)　(d)

图 2-3　表镶金刚石钻头的水口形式

(a) 直水口；(b) 正螺旋水口；(c) 反螺旋水口；(d) 底喷式水口

5）表镶钻头的制造方法。各类金刚石钻头多采用粉末冶金法制成坚硬的胎体，把金刚石固定在钻头上。最初，多采用冷压浸渍法制造钻头。此方法存在烧结温度过高，烧结变形难于控制等缺点。现在，主要采用无压浸渍法制造，此方法特点是钻头成型好、尺寸精确、便于调整胎体的硬度和性能，并且可以加工形状比较复杂的钻头，但石墨模具消耗量大。

（2）孕镶钻头。钻头胎体里均匀包镶着金刚石颗粒的钻头。钻进时胎体磨损，金刚石不断出露克取岩石，可以一直将胎体全部磨完，都有新出露的金刚石进行工作，类似于砂轮磨削金属材料。胎体有一定高度，外径略大于钻头体外径、内径也略小于钻头体内径，胎体的外侧面、内侧面和底面均有水槽，以便通过冲洗液排除岩粉和冷却钻头。大多数的孕镶金刚石钻头使用的是人造金刚石，称为人造孕镶金刚石钻头。人造金刚石比天然金刚石价格便宜很多，也能较广泛地用在硬地层中钻进。

1）孕镶用的金刚石。孕镶钻头都使用小粒的不同质量的天然或人造金刚石，根据所钻岩层不同，可选用不同粒度的金刚石，当钻进较为坚硬的岩层时，应选用质量较好的金刚石。孕镶金刚石钻头使用金刚石粒度选择情况可参见表2-3。

表2-3　　孕镶金刚石钻头用的金刚石粒度

岩层		中硬—硬		硬—坚硬	
粒度（目）	人造	46	46～60	60～80	80～100
	天然	20～30	30～40	40～60	60～80

2）金刚石在胎体中的含量。在孕镶钻对的胎体中，以金刚石的浓度来表示金刚石的含量，它是影响孕镶式钻头钻进性能的一个重要结构参数，采用“400%浓度制”来表示。当金刚石含量占工作层胎体体积的四分之一时，浓度为100%，全部为金刚石时，浓度为400%。金刚石比重以3.52换算，即每立方厘米胎体中含有4.4克拉时为100%的浓度。确定孕镶钻头工作胎体的金刚石浓度时，既要考虑胎体的耐磨性，又要考虑其机械钻速。合理的金刚石浓度为70%～20%。一般根据所钻岩层性质来选择金刚石的浓度。影响浓度的还有金刚石的质量和粒度，岩层越坚硬、越致密、研磨性越低，金刚石浓度相应要低些，而金刚石质量越好、粒度越细，浓度也应越低。

3）孕镶金刚石钻头的胎体性能。钻头的胎体应满足各种钻进条件下必需的硬度、足够的抗冲击韧性、与钻头钢体连接牢固性及耐磨性等要求。胎体的硬度和耐磨性必须与所钻岩层性质相适应，以保证在钻进中胎体有适当的磨蚀，使胎体中的金刚石适当地裸露出来，但磨耗以不得过快而使可用的金刚石过早失效或脱落。相反，胎体不磨损或磨蚀很慢，金刚石不出刃或出刃甚微或很慢，也难以发挥其磨削碎岩的作用，而使钻进效率很低。

金刚石的出刃状况，除钻头胎体性能与所钻岩层的适应程度外，还与所选用的钻进规程有直接关系，出刃状态是分析钻进效果的主要依据，胎体的正常磨蚀和不同的出刃状况分别见图2-4、图2-5。胎体的耐磨性是孕镶金刚石钻对的一个重要指标，胎体内部组成及含金刚石量和孔底胎体磨损状态等因素不同，造成硬度相同的胎体而其耐磨性不同。通过改变胎体耐磨性，可以适应不同硬度和研磨性岩层中的钻进工作。孕镶金刚石钻头胎体的硬度和耐磨性见表2-4。

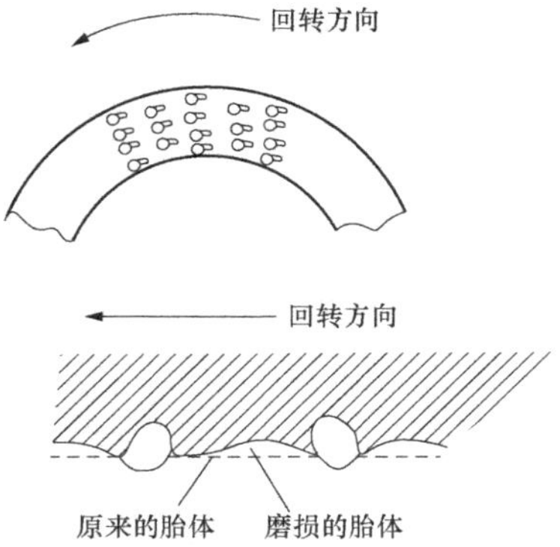

图 2-4　胎体的正常磨蚀

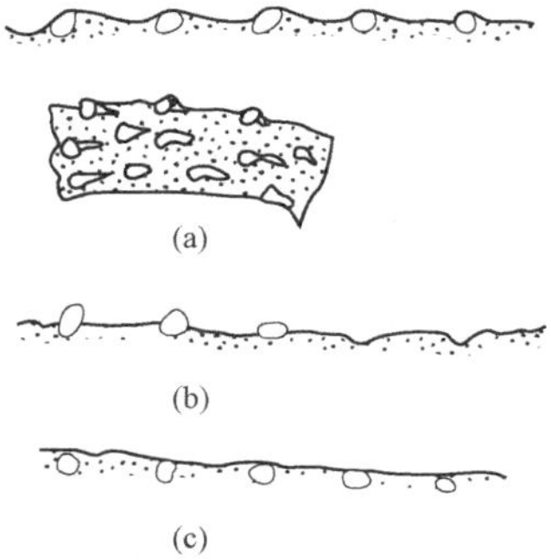

图 2-5　金刚石出刃状况

(a) 出刃适当；(b) 出刃过快；(c) 出刃过慢

表 2-4　　孕镶金刚石钻头胎体的硬度和耐磨性

代号	级别	胎体硬度 HRC	耐磨性	适用岩层
1	软	20～30	低	坚硬的弱研磨性岩层
			中	坚硬的中等研磨性岩层
2	中软	30～35	低	硬的弱研磨性岩层
			中	硬的中等研磨性岩层
3	中硬	35～40	中	中硬的中等研磨性岩层
			高	中硬的强研磨性岩层
4	硬	40～45	高	硬的强研磨性岩层

4）孕镶金刚石钻头的唇面形状。孕镶金刚石钻头的唇面形状比较简单，通常多为平底唇面，也有带圆弧的唇面。有时钻进坚硬而弱研磨性岩层时，为防止钻头打滑，将唇面制成锯齿状。有时为克服钻进硬岩层时钻头内、外环部呈不同的磨耗形态（常发生内环过渡磨损），将钻头做成梯齿唇面。孕镶金刚石钻头各种唇面形状见图 2-6。

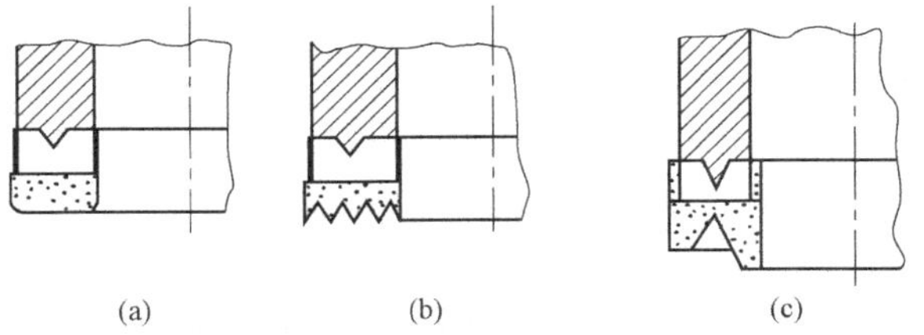

图 2-6　表镶金刚石钻头的唇面形状

(a) 平底式；(b) 锯齿式；(c) 梯齿式

5）钻头的水口与水路。孕镶金刚石钻头的金刚石出刃非常小，因此它的主水路不是钻头唇面与孔底的间隙，而是水口。在唇面扇形块的下面只存在漫流（或湿润）区，用于冷却和排粉的水流主要通过水口和水槽。因此，孕镶钻头往往设计成多水口、小水口，这样防止烧钻。

6）孕镶金刚石钻头的制作方法。我国多采用热压法和电铸法制造孕镶金刚石钻头。

a. 热压法。热压法是把胎体的骨架金属粉末和粘结金属粉末按设计的比例混合，并在胎体的工作层中混入一定浓度的金刚石，装入石墨模具中，并在烧结过程中，既加温又加压，按照一定的烧结工艺流程而制成金刚石钻头的一种工艺方法。

b. 电铸法。电铸法是利用电镀原理制造金刚石钻头的一种工艺。将镍、钴一类的金属沉积到钻头上，同时分层分次把金刚石微粒撒入镀面，利用沉积金属把金刚石埋藏于胎体之中，形成工作层。该方法主要优点是在制造工艺中金刚石不受高温，主要缺点是胎体成分和性能调整幅度很窄，工程进程较慢。

（3）聚晶金刚石钻头。

1）聚晶金刚石钻头主要分为复合片钻头、聚晶体钻头和烧结复合体钻头。

a. 复合片钻头，也称 PDC 钻头。采用 PDC 复合片镶焊制成的取芯钻头。也常用 PDC 柱嵌镶各种钻头。

b. 聚晶体钻头，也称 PCD 钻头。采用三角柱聚晶体、立方聚晶体和圆柱聚晶体等镶焊制成的钻头。此类钻头由于聚晶体的韧性和抗弯强度不足，常常在聚晶体镶焊坑后端专门设计有蝌蚪形凸块，用于支撑聚晶工作，因而钻头常用硬质合金粉末烧结成胎体式钻头，故成本较高。

c. 烧结复合体钻头，也称 SDC 钻头。由人造金刚石和硬质合金粉末及其他元素的粉末混合，活化烧结而成。它可根据需要制成各种形状和各种规格的切削刃具。烧结复合体钻头既发挥了硬质合金的优良韧性，又利用了金刚石高的硬度，性能介于两者之间，即在钻进硬岩层时有似孕镶金刚石钻头的磨削碎岩作用，钻进软岩时有似硬质合金钻头的切削碎岩作用。

2）聚晶金刚石钻头特点。目前，所研制出的各类聚晶金刚石，虽具有一定的硬度和耐磨性能，但其抗弯强度、抗冲击韧性和热稳定性却明显不足，大大影响其适用于钻进的性能。聚晶金刚石应用的重要意义在于克服了金刚石钻进中由于金刚石粒度小，仅能应用于硬岩且要求以高转速钻进等的不足，影响此类钻头的实际应用。

二、扩孔器

1. 扩孔器功用

扩孔器是金刚石钻进中的特有工具，接于钻头、岩芯管之间。扩孔器的功用是：

（1）修整孔壁，保证孔壁光滑整齐、孔径均匀，不因钻头磨损而缩小。

（2）导正钻头，保持钻头稳定工作。

（3）分担钻头外侧刃的工作量，既保证足够的孔壁间隙，又使钻头外出刃不太大。

2. 扩孔器分类

扩孔器按所接用岩芯管的不同，有单管、双管之分，单管扩孔器内壁呈锥形体，以便安装采岩芯的卡簧。

扩孔器的标称规格与钻头相同，而实际尺寸比钻头直径大 0.3～0.5mm，使用时必须与钻头精细配合才会发挥作用。一般情况下，一个扩孔器可配换 3～5 个钻头。

第三节 金刚石钻头钻进规程

一、金刚石钻头的选择

1. 钻头特性

金刚石钻头是锐利的钻岩工具，从理论上讲应该可以顺利地钻进各类地层，但在实践中往往出现一些反常现象，如在某些地层中，钻头金刚石耗量很大而钻头进尺很少；在另一些地层中，钻头的钻速很低、回次很短，甚至出现钻头“打滑”不进尺的情况；有时某种钻头在一个矿区钻效很高，而在另一个矿区却效果很差。这些现象说明，金刚石钻进中所选用的钻头必须和所钻的岩性相适应，这是提高金刚石钻进效能，达到优质、高效、低耗钻进的一个重要环节。

2. 钻头选择

表镶金刚石钻头可选用优质、小粒金刚石和小密度（稀散）排列方式，以及大的水口等方法来攻克坚硬致密、较难钻进的岩层。

孕镶金刚石钻头的结构参数较为复杂，选择时应根据所钻岩层性质综合考虑金刚石晶级、胎体性能（保证钻头自锐）、唇面形状、内外径补强和水路设计等因素。

二、正常钻进规程

钻头选定后，金刚石钻进的效率有赖于钻进规程的选择。钻进规程包括钻压、转速和冲洗液量3个参量。影响钻进规程参数的因素很多，主要有岩层的性质和特点、钻头的类型、所用设备和钻具的性能、钻孔的直径和深度，其他工艺技术条件等。

1. 钻压

一般来说，在一定范围内钻速是随着钻压的增大而增加的。金刚石钻进也分为3个不同的区域：Ⅰ为表面研磨破碎，虽也呈线性正比关系，但钻速极低；Ⅱ为疲劳破碎区，这是一个过渡带，依靠多次重复，裂纹扩展而碎岩；Ⅲ为钻刃切入岩石的体积破碎区。该区内钻速随钻压增长很快。但与此同时，单位进尺金刚石的耗量也随钻压的增长而增大，并且还会导致钻速下降。对二者权衡，决定钻压最佳区域，见图2-7。

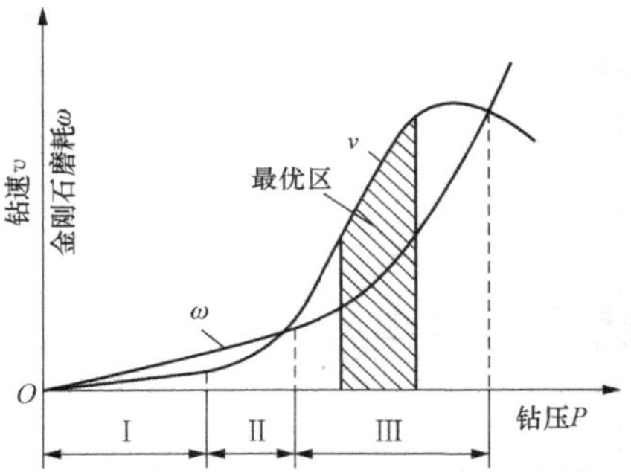

图2-7　钻压对钻速和金刚石磨耗的影响

（1）表镶钻头的钻压。表镶钻头的钻压 P 可按岩石的抗压强度计算：

$$P = Gp \tag{2-1}$$

式中　P——表镶钻头的钻压；

G——钻头上的金刚石粒数；

p——单粒金刚石上允许的压力，kgf/粒。

对细粒金刚石：$p \approx 1 \sim 1.5$ kgf/粒；对中粒金刚石：$p \approx 1.5 \sim 2$kgf/粒；

对粗粒金刚石：$p \approx 2 \sim 3$kgf/粒；　特优级金刚石：$p \approx 5$kgf/粒。

注：1kgf=9.8N。

（2）孕镶钻头的钻压。在孕镶钻头上细粒的金刚石均匀地分布在工作层胎体中，钻压如按参加切削岩石的金刚石粒数来计算是比较困难的，因此，按以下公式计算。

$$W = Aq \tag{2-2}$$

式中　W——孕镶钻头的钻压；

A——钻头实际的工作唇面面积，cm^2；

q——单位底唇面积允许的压力，kgf/cm^2。

对中硬岩石：$q \approx 40 \sim 50\ kgf/cm^2$；对坚硬岩石或金刚石质量高者：$q \approx 60 \sim 70\ kgf/cm^2$。

（3）聚晶金刚石钻头的钻压。聚晶金刚石钻头的钻压，可用表镶钻头钻压计公式求算。不同类型金刚石钻头所采用的钻压参考值如表 2-5 所示。

表 2-5　　　　不同类型金刚石钻头的钻压参考值

钻头直径（mm）		36（36）	46（46）	59（58）	（66）	75（76）	91
表镶钻头钻压（kgf）	初始压力	50～100	50～100	100～200	100～200	100～200	250
	正常压力	200～400	300～600	400～750	500～880	600～1000	800～1000
孕镶钻头钻压（kgf）		250～450	400～700	450～850	500～1000	600～1100	800～1500

注：括号内数字为管材旧标准系列。1kgf=9.8N。

（4）影响钻压的因素。

1）岩石性质。一般在软的和弱研磨性岩层中钻进时，应选用较小的钻压，对完整、硬到坚硬或强研磨性的岩层应选用适当大的钻压。对破碎、裂隙和非均质岩层应适当减小钻压。

2）钻头类型。钻头口径大、壁厚、胎体较软时，应采用较大的钻压，反之，应采用较小的钻压。

3）金刚石。钻头上的金刚石质量好、数量多、粒度大时，应选用较大的钻压，反之，应采用较小的钻压。

4）尅取岩石的面积。钻头实际尅取岩石的面积由其口径、壁厚、水口的大小和多少而定，钻头尅取岩石面积大时，应施加大的钻压。

（5）钻压的调节。不论是计算钻压值还是表列数字都是正常钻进的钻压，实际生产中应根据具体情况进行调节。岩石完整、硬度高、中等研磨性，宜采用大钻压；岩石较软、研磨性强、裂隙发育、破碎、不均质等，应采用小钻压。金刚石晶形完整、椭圆化、抛光处理的，可采用大钻压；晶形有缺陷、品级低的应选用小钻压，同样浓度的钻头，金刚石颗粒大的用小钻压，金刚石颗粒小的用大钻压。新钻头下孔，钻头唇部形状与孔底形状不适应，钻头的钻压需减轻到正常钻压的1/4～1/5，经过一段时间磨合后，再增到正常钻压。在钻孔弯曲、超径的情况下，钻压要适当降低。孔内发生异常，如泵压升高，转矩增大等现象发生时，应减轻钻压观察。钻压还要与钻头转速相匹配，一般情况下，转速较高时，钻压须适当降低。钻进中，钻压应保持平稳，不得大幅度调节。钻速降低时，不可盲目地超额加压。必须指出，这里所说的钻压是指纯加在钻头上的力，至于冲洗液对钻具的浮力、水压反作用力以及钻具摩擦阻力等都应是在确定机械给进压力时考虑的。

2. 转速

转速也是影响金刚石钻进效率的重要因素之一。在一定条件下，转速越快，钻速越高。只要在岩层完整、钻孔弯曲较小且无超径现象，管材有足够的强度、钻具级配较好、使用较好的润滑剂，机械设备能力允许情况下，都应尽量采用高转速钻进。转速与金刚石的磨损关系也比较复杂，二者之间存在一个合理值，即在某个钻速下，金刚石磨损量最小，转速过大或过小都会增大金刚石磨损量。故合理选择转速将直接影响钻进效果。

(1) 孕镶金刚石钻头转速。孕镶钻头的金刚石颗粒细小，切入岩石浅，只有靠单位时间内进行多次破碎才能获得高效。因此，要求转速更高，以圆周线速度计，一般为1.5～3.0m/s。相应的钻速见表2-6。

表2-6　　孕镶金刚石钻头的适用转速

钻头直径（mm）	36（36）	46（46）	59（58）	（66）	75（76）	91
适用转速（r/min）	1000～2000	750～1500	600～120	500～1000	400～850	350～700

(2) 表镶金刚石钻头转速。表镶钻头因为金刚石出刃大，受到振动易损伤，所以转速应该相对较低，圆周线速度为1～2m/s，相应的钻速见表2-7。

表2-7　　表镶金刚石钻头的适用转速

钻头直径（mm）	36（36）	46（46）	59（58）	（66）	75（76）	91
适用转速（r/min）	650～1300	500～1000	400～800	350～650	300～550	250～500

(3) 转速选择因素。选择合理的转速除了根据钻头类型、钻头直径等因素外，还应考虑下列各点：

1) 从岩石性质来说，在中硬完整的岩层中钻进，可选用高转速；当岩层破碎、裂隙发育、软硬不均、孔壁不稳、孔径不均时，宜选用低转速。

2）从钻头质量来说，钻头质量好，金刚石品级高，宜采用高转速；若钻头品质劣，金刚石品级低，宜采用低转速。此外，调节转速还要考虑到金刚石的粒度，颗粒小选高转速，颗粒大选低转速。

如金刚石粒度为 10 粒/克拉，直径为 2.1mm，钻头回转线速度为 1.5m/s。当换用粒度 30 粒/克拉、直径为 1.5mm 金刚石的钻头时，允许圆周线速度为 1.95m/s。当稳定性差、高速回转振动加剧时，圆周线速度可取小一些。

3）从钻孔的结构与深度来说，钻孔结构简单、环空间隙较小、孔深不大时，应尽量选择高转速钻进，反之则须降低钻速。实际钻孔时，常常随钻孔的延深不断降低钻速。

4）从机械设备及钻具能力来讲，钻机的驱动功率、钻杆柱对钻进力的传送，都是限制转速和钻压的主要环节。

5）新钻头下孔，须用低速试钻数分钟，无异状后，再转入正常转速。正常钻进中，当发现孔内有异常响声、激烈振动或转矩增大等现象时，须立即降低转速仔细观察。当级配不合理（孔径与钻杆直径差值大）、钻孔弯曲时，不能用高转速。

6）转速的选择，大体遵循以下几个原则：

a. 在中硬至硬、中等研磨性的完整岩层中钻进，一般可采用较高转速。

b. 在坚硬致密的岩层中钻进，主要靠钻压破碎岩石，宜采用较低转速。

c. 在复杂地层中钻进，宜采用较低转速。

d. 转速与钻头的磨损关系。一般情况下，随转速的提高，钻头相对磨损降低。这是因为随钻头线速度的提高，单位时间内的磨损量虽然有所增加，但是其单位时间内的进尺量也随转速增加而增加。钻头磨损的增长低于破岩效率的提高，因而相对磨损量下降。

3. *冲洗液量*

冲洗液量也简称泵量。实际上不是指泵的全泵量，而是指送往孔内的水量。

冲洗液量是金刚石钻进的另一个重要规程参数，它保证冷却钻头和清除岩粉。在孕镶钻头钻进中，有时还利用它的变化来调节钻头的锐化和金刚石的出刃，还有保护孔壁和润滑钻具等功用。

金刚石钻头钻进的标准系列和其主要钻进的岩层特点，使得其孔壁和孔底的间隙很小，冲洗液流经狭窄的通关，阻力很大。因此在金刚石钻进中基本上是以不大的泵量和较高的泵压来工作的。泵量过大不仅增大工作泵压，而且还会冲坏孔壁、冲蚀岩芯从而易造成岩芯堵塞事故，还会造成钻压的过量减少，甚至会造成钻具的振荡。泵量不足也会发生排粉不畅，增大阻力、增大单位金刚石耗量，严重的还会造成烧钻事故。因此，必须合理选择冲洗液量。

（1）冲洗液量选用。冲洗液量的计算通常以冲洗液的上返流速来计算金刚石钻进所需的泵量，见公式（2 - 3）：

$$Q = 6vA \tag{2-3}$$

式中 Q——冲洗液量，L/min；

v——环空间隙上返流速，对金刚石钻进 $v \geqslant 0.3 \sim 0.5$m/s；

A——钻孔的环空面积，cm^2。

金刚石钻进中常用的冲洗液量可参考表 2 - 8 所列选用。

表 2 - 8　　金刚石钻头的建议冲洗液用量

钻头直径（mm）	36（36）	46（46）	59（58）	（66）	75（76）	91
冲洗液量（L/min）	20～30	25～40	30～45	35～55	40～60	50～70

（2）冲洗液量选择因素。影响冲洗液量的因素较多，具体选择时，应考虑下列因素：

1）层的完整度。钻进坚硬致密岩层，钻速低、岩粉少、颗粒细，液量可小些。

2）钻进软、中硬的岩层，钻速较高，或易糊钻的岩层，为了快速排粉，液量宜大一些。

3）钻进研磨性岩层，由于转速高，摩擦产生的热量较多，液量应大一些。

4）钻进漏失地层，为了补偿损失部分，液量应大于正常情况。

5）钻头类型。孕镶钻头由于金刚石出刃量小，唇面与孔底岩石接触面积大，过水条件差，又多采用高转速钻进，为及时冷却金刚石和胎体，避免金刚石石墨化和重复破碎岩粉，应采用较大水量。对表镶钻头，金刚石出刃量比孕镶钻头大，排粉和冷却条件较好，冲洗液量可稍小一些。

（3）注意事项。在钻探工作中，常以泵压变化来判断冲洗液的循环状况和孔底钻进的工作状况。泵压表示冲洗液流经循环系统的总阻力。

钻进过程中，如果泵压小幅度的上升或下降，一般情况下，可能是换层的征兆，这时应注意进尺情况和钻具的声响，必要时可调整钻进规程，以防止发生岩芯堵塞。

若在钻进中钻速突然降低或不进尺，而泵压猛增时，这是发生岩芯堵塞的征兆，应尽快将钻具提离孔底，否则瞬间即可发生浇烧钻事故。

若泵压突然大幅下降，这多半是发生钻杆折断或脱扣，应马上停止钻进进行检查。

总之，在金刚石钻进中泵压的变化可以作为判断孔内情况的客观反映依据，钻进过程中必须密切注意观察。

三、临界钻进规程

钻压、转速和泵量这 3 个规程参数，虽然各自有其作用和特点，但在钻进过程中三者是相互配合和互相制约的。为了进一步提高金刚石钻进的效率，必须优化钻进规程，使钻进在最优状态下工作。

金刚石钻进存在正常规程和临界规程。在正常规程中，钻头胎体温度正常，功率消耗平稳，钻头磨损轻微；而在临界规程中，钻头胎体温度急剧上升，功率消耗剧增，钻头磨损严重，甚至出现烧钻。

无论是在实验室条件下还是在生产条件下，当由正常规程转向临界规程时，钻头磨损都具有突变性质并急剧增大。这是由于进入临界规程，钻头上出现高温，降低了金刚石的强度和胎体的硬度引起的。

1. 胎体温度与轴向压力 P 和钻头转速 n 的关系

当压力（P）和转速（n）达到某一值时，胎体温度急增，由 100～200℃的常规温度升到 600～700℃的高温，这是由正常规程变为临界规程，此时 Pn 的值达到了临界值。胎体温度与轴向压力 P 和钻头转速 n 的关系如表 2－9 所示。

表 2－9　　胎体温度 T 与轴向压力 P 和钻头转速 n 的关系

钻头转速 n	轴向压力 P（kgf）									
（r/min）	100	200	300	400	500	600	700	800	900	1000
600						60	160	190	190	560
750					100	70	100	590		
950				70	80	80	620	650	670	
1180			90	120	640					
1500	50	70	120	550						

注：1kgf＝9.8N。

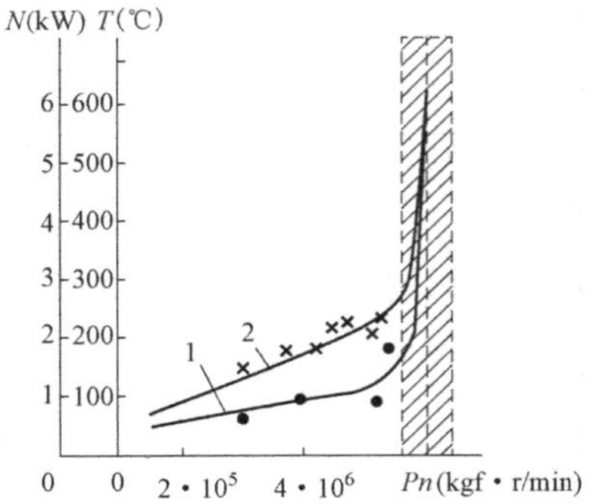

图 2-8 胎体温度及功率消耗与 Pn 值的关系

胎体温度及钻进时的功率消耗与 Pn 值的关系如图 2-8 所示，图中斜线部分为 Pn 临界值的范围。

2. 功率消耗与钻进规程的关系

通过试验发现，钻进时功率消耗与轴向压力及转速有直接关系。表 2-10 表示了钻进同一花岗岩时钻进的功率消耗与 Pn 值的关系，它们与胎体温度的升高完全一致。当 Pn 值达到 600×10^3 kgf·r/min 时，胎体温度急增，同时功率消耗也大增，达到临界规程状态。

表 2-10　　钻进功率消耗与轴向压力 P 和转速 n 的关系

钻头转速（r/min）	项目	轴向压力 P（kgf）									
		100	200	300	400	500	600	700	800	900	1000
600	Pn（$\times10^3$）						360	420	480	540	600
	功率（kW）						1.71	1.86	1.92	2.32	5.34
750	Pn（$\times10^3$）					375	450	525	600		
	功率（kW）					1.80	1.86	2.04	5.67		
950	Pn（$\times10^3$）				380	475	570	665	760	855	
	功率（kW）				1.95	2.31	2.79	5.37	6.56	6.91	
1180	Pn（$\times10^3$）			354	472	590					
	功率（kW）			2.16	2.64	5.52					
1500	Pn（$\times10^3$）	150	300	450	600						
	功率（kW）	0.48	1.44	2.16	5.54						

注：1kgf=9.8N。

3. 机械转速与钻进规程的关系

同一试验中，机械转速（mm/min）与轴向压力及转速的关系见表 2-11。

表 2-11 **机械转速轴向压力及转速的关系**

钻头转速 (r/min)	轴向压力 P (kgf)									
	100	200	300	400	500	600	700	800	900	1000
600						20.0	25.0	30.0	36.0	40.0
750					30.0	35.0	37.0	44.5		
950				30.0	32.0	37.0	44.0	50.0	58.0	
1180			30.0	35.0	45.0					
1500	27.0	35.0	37.0	47.0						

注：1kgf=9.8N。

表 2-11 中粗线表示正常规程的分界线。在此情况下，钻速的临界值约为 44mm/min。用该孕镶金刚石钻头钻进该花岗岩时，其最高钻速不得超过正常规程下的 37mm/min 最高值，且不得超过分界线，否则会产生严重的不良结果。

4. 胎体温度与冲洗液的关系

经试验表明，冲洗液对冷却钻头是有某种限度的，如表 2-12 所示。

表 2-12 **冲洗液的影响**

指标	冲洗液量 (L/min)		
	15	20	30
胎体温度 (℃)	725	640	550
钻进功率消耗 (kW)	5.67	5.22	5.13

由表 2-12 可知，当冲洗液量由 15L/min 增加到 30 时，胎体温度和功率消耗都有些降低，虽然冲洗液量已经增加 1 倍，但未能达到把钻进过程由临界状态变为正常状态的程度。因此，要想单纯依靠增加冲洗液量来改变钻进的非正常状态和解决烧钻问题是不可能的。因此在金刚石钻进中，在某一条件下必须有适中的（高于最低的）冲洗液量用以冷却钻头和冲洗孔底，但若超过该量或过量增加冲洗液效果不显著。

5. 钻头磨耗与钻进规程的关系

钻头的磨耗通常以相对磨耗来衡量，常用单位进尺的钻头重量磨耗，也采用单位破碎功的体积磨耗等指标。胎体磨耗与钻进规程间的关系如图 2-9 所示。

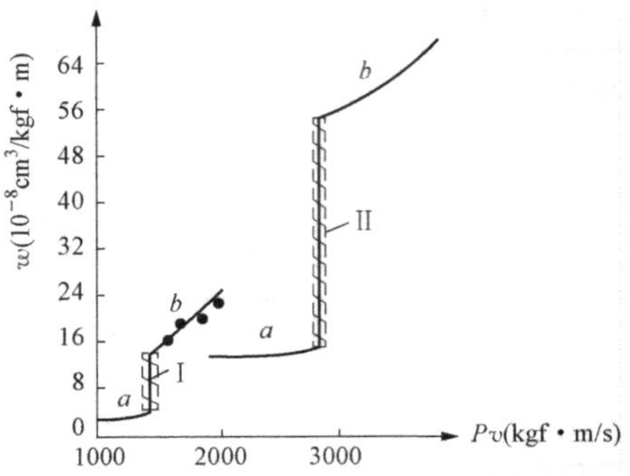

图 2-9 钻头磨耗与钻压及回转速度乘积的关系

说明：Ⅰ—在实验室条件下；Ⅱ—在生产条件下

a 线—正常规程；*b* 线—临界规程

从图 2-9 可知，无论在实验室条件下还是在生产条件下，当由正常规程转向临界规程，钻头磨耗都具有突变性质并急剧增大。钻头磨耗在生产条件下比实验室条件下高出 3 倍，这可能是由于生产条件下钻头上作用着大的动载和冲击的缘故，或由于进入临界规程，钻头上作用着高温，降低了金刚石的强度和胎体的硬度引起的。

胎体磨耗与钻进规程关系试验数据见表 2-13。

表 2-13　　胎体磨耗与钻进规程关系试验数据

钻头的圆周速度	轴向力	破碎功	胎体的磨损量	胎体磨耗
m/s	kgf	$\times 10^3$ kgf·m	$\times 10^4$ cm^3	cm^3/kgf·m
1.81	600	61	16.4	0.027
	650	62	16.4	0.027
	700	86	24.6	0.023
	750	59	16.4	0.028
	800	87	98.0	0.113
	850	98	131.0	0.114
	900	55	82.0	0.150
	950	62	105.0	0.171
2.30	400	106	32.8	0.031
	500	105	32.8	0.031
	600	77	24.6	0.032
	650	99	32.8	0.033
	675	49	16.4	0.034
	700	121	147.0	0.122
	750	73	106.0	0.146
	800	66	115.0	0.174
	850	87	175.0	0.201

续表

钻头的圆周速度 m/s	轴向力 kgf	破碎功 $\times 10^3$kgf·m	胎体的磨损量 $\times 10^4$ cm^3	胎体磨耗 cm^3/kgf·m
2.85	300	51	16.4	0.032
	400	102	32.8	0.032
	450	50	16.4	0.033
	475	50	16.4	0.033
	500	83	123.0	0.146
	550	69	116.0	0.167
	600	54	100.0	0.185
	650	90	183.0	0.203
	700	118	131.0	0.234

注：1kgf=9.8N。

四、钻进规程参数的配合

如前所述，金刚石钻进效率随着钻压转速的提高而增长。但是，钻压、转速增加到一定程度时，会导致钻头强烈磨损甚至烧毁。

对于某种岩石，其临界规程的 Pn 值基本上是一常数，可通过实验确定。实际钻进中，应根据岩层特性和设备能力对钻进规程进行调整和优化。Pn 值必须小于临界值，以免钻头过分磨损或发生烧钻，但 Pn 值也不可过小，Pn 值过小不仅直接影响钻进效率，还会使钻进失稳。

此外，由于胎体温度、钻进功率消耗以及钻头磨耗都与规程参数相关，并且它们与正常与临界规程的分界线一致，因此在实际工作中，常以钻进功率的变化来判断孔底胎体温度和钻头磨耗变化情况。

第四节　金刚石钻探的操作及注意事项

一、钻头的选择及举例

1. 钻头的选择

实践证明，只有科学地选择钻头并合理使用，才能提高钻速，减少事故，增加纯钻时间和延长钻头寿命。

金刚石钻头要与岩石性质相适应，如果选择得当，会收到好的效果；如果选择不当，不但钻进效果不好，还会引起其他的麻烦。

选择钻头应遵循的原则如下：

（1）软和较软岩层，可选用聚晶金刚石钻头；软的、中硬和完整均质较硬岩层，可选用天然金刚石表镶钻头；软硬不均、节理发育和裂隙岩层，宜选用孕镶钻头。

（2）按金刚石粒度来说，岩石的研磨性越强，硬度越高，则钻头的金刚石颗粒应越小，最好用孕镶钻头。岩石硬度越低，研磨性越弱，则钻头的金刚石颗粒应越大，例如选用天然金刚石钻头、聚晶金刚石钻头。

（3）按金刚石镶焊浓度来说，岩石硬度越高或研磨越弱，则钻头金刚石浓度应越低；反之，岩石硬度越低或研磨性越强，则钻头金刚石浓度应越高。

（4）对胎体性能来说，岩石的研磨性越强或硬度越低，则钻头胎体的硬度应越高；反之，岩石的研磨性越弱或硬度越高，则钻头胎体的硬度应越低。但是，研磨性强且硬度高的岩石，不应该选软胎体钻头，免得迅速磨损很快失去工作能力。

（5）选择钻头时，还要考虑到与岩石性质相适应的钻头唇面形状。一般来说，对中硬、中研磨性的岩层，宜选用平底唇面或弧边形唇面；坚硬且研磨性高的岩层，可用半圆形唇面。对复杂、破碎、不易取得岩芯的地层，可选用阶梯底喷式唇面；坚硬、致密、易出现打滑的岩层，可选用锯齿形或单双块等形状的唇面。一般岩层，应采用双层岩芯管钻头。只有在较坚硬、完整的岩层用单管薄壁钻头。

2. 钻头的选择举例

基于上述原则和岩石物理力学性质，钻头选择列举如下：

（1）6～7 级完整、均质的岩石，可选用人造聚晶金刚石钻头或粗粒表镶钻头，胎体硬度 W 级（HRC40～50）。

（2）7～8 级中等研磨性较完整的岩石，可用 20～40 粒每克拉、W 级胎体（HRC40～50）的天然金刚石表镶钻头，也可用 50～75 目、75%～100%浓度人造金刚石、W 级胎体的平底唇面或弧形唇面的孕镶钻头。

（3）9～10 级中等研磨性较完整岩石，可用 80 目、50%～75%浓度人造金刚石、Ⅲ级胎体弧形或半圆形唇面的孕镶钻头。

（4）10 级以上坚硬、致密、研磨性弱岩石，可用 50%浓度、80 目优质人造金刚石、Ⅲ级胎体、锯齿形或单双块唇面的孕镶钻头。

二、钻头的使用

由于金刚石钻头的精度高，所以钻出的孔壁、岩芯光滑完整，钻头在工作中，能使内、外出刃均匀磨损。但若内出刃的过度磨损，则会造成岩芯直径增大，外出刃磨损，则使孔径变小，造成扩孔器负担过重，甚至新换钻头有下不到孔底的可能，于是就增加了扩孔的麻烦，且外刃在应力集中情况下容易损坏。因此，钻头使用中提出了“分组”“排队”的方法。

所谓“分组”“排队”，就是把全孔拟用的钻头类型、性能参数分成组，再把同类的钻头用游标卡尺精细地测出内外径（精度到微米）。然后，按外径由大到小、按内径由小到大进行排队。

使用时，先用大号。每次钻头出孔，要精细测量磨损情况。当发现直径磨损到容许限度（软岩石为 0.05mm，硬岩石为 0.02mm）时，换次一号钻头下孔。换下来的大号钻头，按外径重新编入队中相应号位等待再用。当次一号钻头又磨损到容许限度时，换再下一号钻头下孔，换下来的次一号钻头重新插队待用。如是，每个钻头都要经过几次轮用。

当发现某号钻头磨耗到最大限度时，就把它剔除队外，不论其唇部能否工作都不许再用，这个钻头的钻进总量便是它自身的“寿命”。所钻地层钻穿完了，而队中钻头还有可用的，那么就把它们排到别的组队。

为了掌握钻头的变化情况，所有的钻头都要建立“档案”（卡片），把每一回次的直径变化、回次进尺、机械钻速、钻进规程参数、累计进尺、所钻岩石性质及其他特殊情况等都记载在卡片上。钻头报废时，可从卡片中总结经验，以便更好地对钻头选择、使用。

三、钻进常用钻具

金刚石钻进的常用钻具如图 2 - 10 所示，由钻头扩孔器、岩芯管、异径接头 4 和钻杆 5 等组成，如图 2 - 10 所示。钻头 1 镶有作为切削具的金刚石以破碎岩石，扩孔器 2 上也镶有金刚石以修整孔壁，岩芯管 3 以容纳所钻岩芯，有单层与双层之分。双层岩芯管应用较为广泛。单层岩芯管如图 2 - 10（a）所示，卡簧 2 装在钻头 1 上方的扩孔器 3 内，提钻时，卡簧可把岩芯卡住并随钻具提出孔外。单管钻具只用于钻进完整地层。双层岩芯管如图 2 - 10（b）所示，内管 7 是静止不转的，可容纳岩芯使之不受扰动。外管 6 传递扭矩于钻头 1。冲洗液经内外管间隙流向孔底，使岩芯不受冲蚀。内管下端装有卡簧 2 的卡簧座，其作用与单层管相同。

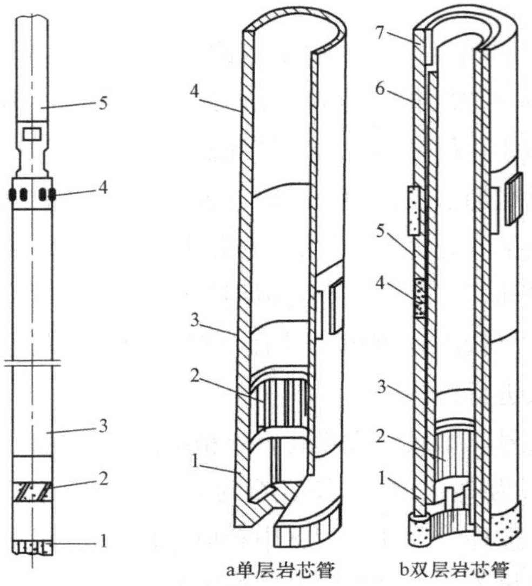

图 2-10　金刚石钻进常用钻具单（左）、双层岩芯管（右 a、b）

1—钻头；2—卡簧；3—扩孔器；4—异径接头；5—钻杆；6—外管；7—内管

实践证明，金刚石钻进比其他钻进方法有许多优越性，具有钻进效率高、钻探质量好、孔内事故少、钢材消耗少、成本低及应用范围广等特点。

为了尽量减小钻具与孔壁之间的环状间隙，增加钻具的稳定性，提高钻速，减少金刚石的消耗，避免金刚石钻头的异常磨损，合理选择钻具的级配是至关重要的。

四、钻头磨损

钻头磨损可分为正常磨损和非正常磨损两种情况。

(1) 正常磨损：指唇部、内外径等都是轻微、均匀地磨损，没有局部的突出变化。

表镶钻头的正常磨损表现：金刚石刃尖磨平，出刃量保持不变，内、外径棱部有磨平现象，尺寸变化很小，胎体磨损很轻，没有崩裂、掉块或局部损伤现象。

孕镶钻头的正常磨损表现：内、外径和底唇面磨损得非常缓慢，胎体磨损率内、外径不超过0.02mm/m，底高不超过0.1mm/m。底唇面呈弧状，唇面可出微小蝌蚪尾形，用手抚摸有粗糙感。

钻头的正常磨损，说明钻头的选择适当，钻头质量高，钻进参数正常，钻头可以继续使用，钻进参数可保持不变。

（2）非正常磨损：就是所说的“变形”，习惯地称它为“变相”。变相的钻头，轻者钻进效能降低，重者不能再用。

常见的变形分析如下：

1）底唇面光滑。底唇面光滑多是孕镶钻头钻进了致密坚硬岩石；钻头唇部工作面无蝌蚪纹，用手抚摸有光滑感。这种现象说明钻头选择不当，胎体过硬不磨损，金刚石不能出刃。

2）金刚石脱落。金刚石脱落现象在表镶钻头较为明显，多属钻头质量问题，包镶不牢或胎体偏软。从技术上分析，则是钻头选择不当或冲洗不充分、冲洗液中含砂量大等，使胎体过度磨损造成的。

3）金刚石碎裂。也叫崩刃，常出现于表镶钻头。从技术原因来看，是岩石破碎、裂隙发育，或钻进参数不当，钻压过大，钻具振动激烈等造成。从钻头质量来说，则是金刚石强度低，有裂纹或内应力高等造成的。

4）胎体磨偏。纯属质量问题。内外壁磨偏是胎体与钢体或钢体与扩孔器不同芯所致。这样的钻头不能再下孔使用。底唇面磨偏是底唇面与钢体轴线不垂直造成的。钻头工作时，只是高出的小部分与岩石接触，冲洗液大部分从底部缝隙流出，而工作部分得不到充分冷却，致使该部分磨损加剧。

5）喇叭形。喇叭形是常出现的钻头变形之一。其特征是内边缘处金刚石磨平甚至脱落，胎体呈光滑面，很多钻头由此作废。这种现象，孔径越小、钻头壁越厚越严重。从技术工艺方面分析，变形发生原因是孔底存在岩石碎块脱落、残留岩芯等物体，从而在钻头内刻落金刚石所致。

6）锥体形。锥体形也是常见钻头变形之一，但比喇叭形出现的少。变形特征与喇叭形相反，是因外边缘金刚石脱落呈锥形体。出现原因多半是孔底有硬岩碎块，在冲洗液作用下而挤于外边缘，但又不能冲起致使胎体边缘受到研磨，促使金刚石提前脱落而工作层被磨成锥形体。

7）薄壁形。胎体内外壁磨损严重、壁变薄是孕镶钻头常见的变形。原因是孔底积存岩粉多、冲洗液量小、钻压小、内壁和外壁受岩粉重复研磨。非工作层的变薄，则是补强不佳所致。

8）底唇面呈台阶、槽沟形。底唇面出现台阶形或槽沟的原因，多属钻头质量问题，如金刚石分布不均匀而回转刻划轨迹没有覆盖全孔底，或工作层与非工作层交界面形状与唇面形状不相符，致使局部刻划线上金刚石负担过重而提前崩掉，于是造成台阶、槽沟形状。技术方面原因是因孔底有较大的胎体碎块或金属块。

9）底唇磨损过快。所谓底唇磨损过快，即每钻进 1m 工作层磨损超过 0.1mm。其原因从钻头质量上分析，是胎体过软和金刚石浓度太低，即耐磨性弱所致。从技术上分析，可能是钻头在临界参数下长时间工作造成的。

10）水口冲蚀。水口冲蚀的特征是水口变大，水槽处胎体棱角变圆，非工作层水槽呈螺旋形展宽。出现这种形状，说明冲洗液量过大，冲洗液中含砂量过多，水口在强烈冲刷下有变形。

11）胎体损坏。胎体裂缝、掉块、工作层脱落等都属于胎体损坏。产生的原因多属钻头质量问题，如胎体强度低、脆性大或金刚石浓度过高。在技术上则是钻头遇到了裂隙硬脆碎岩层时，用了大的钻进参数，钻具发生激烈振动所致。

12）烧毁。烧毁是最常见的钻头变形，是最严重的损坏。轻微烧毁时，金刚石石墨化变为黑暗色，强度大幅度降低；严重烧毁时，全部胎体曲卷变形，工作层全部毁坏。变形原因纯属技术问题，即冲洗液量不足，或长时间在临界规程参数下钻进。

钻头变形的原因是多种多样的，远远超过以上举例。因此，要求操作者经常分析原因，改进技术措施。这样，才会提高效率、降低成本，更好地发挥金刚石钻探的优点。

五、金刚石磨损

这里所说的金刚石磨损，是指钻进过程中的纯磨损，不包括崩坏和严重烧毁。平时，人们只注意钻头的变形，而金刚石自身的磨损变化却被人们所忽视。有条件的地方，应该用显微镜观察金刚石表面的磨损情况，分析原因，不断提高钻探技术。

常见的金刚石磨损有以下几种类型：

（1）平行纹。平行纹是指金刚石脱掉的细小微粒被混于岩粉中，及坚硬的石英微粒隐于岩石微隙中，金刚石受其研磨而成的条纹。平行纹属于正常磨损。

（2）附着岩粉。在金刚石磨削面条纹中，有时出现鳞片状岩屑碎片，说明冲洗液量小或钻头结构不合理，金刚石得不到充分的冲洗。

（3）扩散形。扩散形是金刚石常见的磨损。原因是由于破碎的岩石研磨性大，金刚石与之摩擦产生高温而石墨化扩散。说明金刚石的冷却不充分或钻进参数接近了临界参数。

（4）光滑面。出现光滑面，可以判断属于正常磨损，是金刚石轻微扩散与氧化同时作用的结果，说明钻进规程参数是合理的。

（5）突起小块。在金刚石的摩擦面上有时出现似乎没有受到磨损的突起小块。突起小块是金刚石含氮杂质造成的局部硬块，与钻进技术无关，也属于正常磨损。

当表镶钻头和扩孔器用到报废程度时，金刚石实际消耗只达 35%～50%，剩余的残品还有再次利用的价值。粉末冶金法制造的钻头和扩孔器，其粘结金属都是以铜为主的铜基合金，只要把铜从胎体粉料中分离出来，金刚石就会自动脱落。分离铜的方法，常用的有酸蚀法和电解法两种。

六、钻具的减振及稳定措施

（1）振动发生原因：金刚石钻进参数的特点就是转速高，然而，转速高却又带来不利因素——钻具高频振动。

发生振动的原因有很多，如钻机回转系统磨损过度，钻具接配不同芯，岩石不均和操作不平稳等，都会造成钻具振动。但主要原因是细长的弹性钻杆柱在扭、压应力下呈螺旋状绕孔轴回转，与孔壁产生激烈摩擦，在高速回转下而产生弹性振动。当振动频率与钻头破碎岩石脉冲阻力的频率相吻合时，便引起共振，即“振动”。

钻进中，轻微的振动是时刻不断的，这对钻进和机具影响都不大，但激烈的振动会损坏钻头甚至钻具和机械。因此，金刚石钻进必须防振。完全消除振动是不容易的，但可以把振动减小到最低限度。

（2）稳定措施。目前减振方法有机械法、稳定钻具法和润滑法等。机械减振法是在钻杆与岩芯管之间接一个“减振器”，利用减振器上弹性零件的弹性作用吸收钻杆纵、横振功能，以降低钻头上的冲击载荷。但由于减振器结构复杂，效果也不好，很少被使用。

稳定钻具法和润滑法被普遍应用。例如：

1）采用合理的组合钻柱。钻柱由钻杆柱、钻铤和钻头三部分组成。在岩芯管上部接一钻铤，可实现减压钻进，并使钻杆处于张力状态。从而减小回转时钻柱的离心力，使之处于平稳运动状态。有时在钻铤上方加 1～2 个扶正器，更有助于起到良好的稳定作用。

2）满眼钻进。满眼钻进的主要做法是缩小金刚石钻头、扩孔器与钻杆直径的级差，以减小钻柱与孔壁的间隙，即实现满眼钻进。绳索取芯的钻具组合，就是在这一理论指导下研制成功的。钻柱在高速下保持动平衡，称为动平衡取芯设备。

3）增加粗径钻具的稳定性。除采用刚性好、无弯曲的加长岩芯管外，还采用稳定接头或稳定异径接头，以增加钻具的稳定性。

稳定钻具的方法是将钻杆的连接用“稳定接头”代替普通接头。利用它外径与孔径相当的橡胶柱组或橡胶箍，扶持钻杆柱并在近似直线状态工作，减轻了与孔壁间的摩擦阻力，于是也就减少了振源。

为了提高钻具稳定性，岩芯管上端可用“稳定异径接头”与钻杆相连接。稳定异径接头外径与扩孔器外径相等，并镶硬质合金块以增加耐磨性。这样的异径接头使岩芯管与钻头几乎处于同一轴心线上，大大增加了回转稳定性，从而减少振源。经验证明，钻杆直径与钻孔直径配合得合理（径差小）就能大大减少振动。

4）润滑法。润滑法是最有效的减振方法。实践证明，只用稳定钻具法是达不到理想减振效果的。另外，稳定接头还不能用在绳索取芯钻具上。而将润滑法与稳定钻具法结合使用，可以基本消除振动。

所谓润滑法，是在钻具、孔壁之间的摩擦面上加润滑材料以降低两者之间的摩擦阻力，现用润滑法有直接涂敷法和冲洗液法两种。

直接涂敷法是在钻具表面涂敷一层润滑油脂以润滑摩擦面。常用的润滑油脂由90％的黑机油、25％松香、5％左右沥青及少许石蜡等合成。其中松香用以提高黏度。沥青用以提高与金属表面的亲合性。润滑油脂涂向钻具表面是在降下钻具时进行：岩芯管表面用毛刷涂抹，钻杆表面用油桶自动涂抹。油桶由大径套管段制成，把它置于孔口，钻杆从底孔穿出，桶内装满油脂，钻杆降下过程中，借胶底的弹性作用向钻杆表面均匀地涂抹油脂。一次涂敷可工作两天。

涂油润滑法具有原料来源广、成本低等优点，但操作麻烦、污染钻场，且易堵塞钻具通水孔道。因此，涂油润滑法不为钻探工作者选用，只在漏水孔中使用。冲洗液润滑法是利用具有润滑性能的液体冲孔，同时也润滑钻具、孔壁之间的摩擦面。用法简单，效果显著，因此，被广泛地用于岩芯钻探中。

润滑冲洗液有乳状液、活性剂润滑液及具有润滑性的不分散低固相泥浆等。有的冲洗液还具有护壁、堵漏性能，品种很多，各有其效。

七、钻进操作时的注意事项

（1）开孔与换径。除坑道内施工外，地表上开孔尽量不用金刚石钻头。如果必须用时，则以旧的孕镶钻头为宜，并采用低压慢转的规程参数，待钻进 1～2m 后，再换新钻头钻进。下套管时，要细心检查螺纹部分，发现瘪凹、毛刺，要修平，修不好的不许接入。单根套管最好用“标准规”试通一次，凡通不过的，不能使用。

套管内初次下钻头时，转速要低，如果遇到障碍，切不可强行通过。要换用套管铣刀扫平障碍之后再下金刚石钻具。下完套管，如果越级换径钻进时，必须用带导正管的钻具组接钻头钻进，进尺数米后，换锥形钻头扫掉台阶使之呈漏斗形，以免降下钻具时钻头冲撞。

下完套管越级换径时，也可在套管下端接一个漏斗口形套管鞋，这样可省掉导正钻进和扫台阶的麻烦。下到孔底后，扭转套管，上接头向下压缩胶套迫其向外膨胀，于是把孔底封严。

金刚石钻进，尽量不用钢粒开孔。不得已用时，下完套管后要彻底洗孔，钻具接头处也要敲打冲洗，不许一粒钢粒或钢粒碎屑遗留在孔内和钻具内。

（2）钻进。

1）严格掌握“五不扫”和“三必提”：不用金刚石钻头扫孔、扫残留岩芯、扫脱落岩芯、扫掉块、扫探头石。下钻遇阻轻转无效、岩芯堵塞、钻速骤降时必须提钻。

2）下钻前要记好机上余尺，在回次钻进过程中，不准将钻具提离孔底加长钻杆。

3）新钻头下孔后，必须进行“初磨”。开始时轻压（约正常压力的三分之一），慢转（100r/min 左右），当进尺 0.2～0.3m 后，逐渐增至正常转速。

4）第一个回次不宜过长，应及时提钻观察钻头的磨损形态，坚持做到当钻头出现异常时，不再下孔。

5）钻进过程中发现钻头“打滑”时，不准盲目加压钻进或瞬时干钻，而应立即提钻。

6）减压钻进时，应使用钢丝绳将钻杆柱拉直后再倒杆。之后，用油缸将钻具提离孔底少许，再启动。

7）在复杂岩层中钻进，提升钻具不得过快，并随时向孔内泵送冲洗液，以防“抽吸”作用而造成塌孔。

（3）升降钻具。

1）升降钻具前必须认真检查升降机、滑车、钢丝绳、绳卡等是否安全可靠，发现问题应及时修好，否则不得起下钻。

2）升降钻具过程中，应仔细检查钻杆、接头及岩芯管的弯曲和磨损情况，弯曲、磨损严重的钻具应立即更换。要检查新钻杆的水眼、双管水路是否畅通，单动性能是否良好，卡簧、卡簧座是否合适等。

3）每次下钻时，都要轻轻移动钻具，严禁在地面拖拉金刚石钻头和扩孔器。下钻时，应涂丝扣油或缠棉纱、垫尼龙垫圈，以保护丝扣，防止冲洗液中途渗漏。还应注意在换径、套管鞋的部位以及掉块、探头石的孔段，要放慢下钻速度。遇阻时，只能用钳子回转钻杆。

（4）下钻时，不得将钻具一直放到孔底。应在离孔底 1m 左右时，开大泵量冲洗后，再缓慢下放；距孔底 0.2～0.3m 时，先拧紧卡盘，再慢转到底。

（5）升降钻具要平稳，禁止盲目快速升降。严禁刹车、猛墩。拧卸钻扦要平稳，以防岩芯脱落。

（6）钻具放入或提出孔口时，必须由专人扶持，以免碰撞金刚石钻头。钻具提出孔口后，应盖好孔口，以防止物件掉入孔内。

思考题

1. 简要叙述孕镶金刚石钻头钻进破碎机理。
2. 请回答金刚石钻进过程中，冲洗液压力与流量哪个更重要，为什么？
3. 简要回答金刚石钻头为什么需要排队使用。
4. 在小口径金刚石钻进中，影响钻压的因素有哪些？
5. 简要回答孕镶金刚石钻头的胎体硬度选择的原则。
6. 简要回答金刚石钻进过程中应注意哪些主要问题。

实训题

1. 现场组配金刚石单动双管取芯钻具。
2. 现场采用金刚石钻孔工艺进行钻进操作。
3. 现场对磨损不严重的金刚石钻头进行修复利用。

第三章　牙轮钻进工艺

第一节　牙轮钻头种类

一、牙轮钻头结构

1. 牙轮钻头组成

牙轮钻头由牙轮、牙轮轴和牙掌三个主要部分组成。牙轮安装在牙掌的牙轮轴上自由转动，其间还装有滚动体构成的轴承，牙轮受力后即可在钻头体的轴颈上转动。牙轮钻头的破岩刃具是一些凸出于圆锥体面，并排排列的合金柱齿、球齿或铣齿，这些柱齿、球齿或铣齿下相邻钻头圆锥体上的成排柱齿、球齿或铣齿交错啮合。

2. 牙轮钻头分类

按钻头体的结构可把牙轮钻头分成无体式和有体式。直径较小的（46～320mm）多为无体式［图 3 - 1（a)］，它把单独的结构单元带——牙轮的牙掌相互焊接成一体，然后在钻头体上车连接螺纹 8。有体式［图 3 - 1（b)］多为大口径（346～490mm），它在钻头体 11 上焊接带牙轮 1 的牙掌 6，并在钻头体上加工内螺纹 8，如图 3 - 1 所示。

铣齿式牙轮钻头的牙齿是铣出来或锻出来的，主要用于钻进软和中硬（部分硬岩）的岩石。钻进塑性和黏结性岩石时，常用自洗式牙轮钻头。镶齿式牙轮钻头是把粉末冶金方法做成的硬质合金镶嵌体作为齿冠，主要用于钻进硬和坚硬（甚至极硬）的岩石。

牙轮钻头的冲洗机构有两种形式：中心冲洗式和圆周冲洗式。带喷嘴的水力喷射式钻头更有利于提高软岩的破岩效果。

牙轮钻头的轴承承受着由钻柱质量和孔底振动造成的很大荷载，是最容易磨损的薄弱环节，必须注意加强润滑和保护。

牙轮钻头按牙轮的数量可分为单牙轮钻头、双牙轮钻头、三牙轮钻头、四牙轮钻头及多牙轮钻头，其中三牙轮钻头应用最广泛。

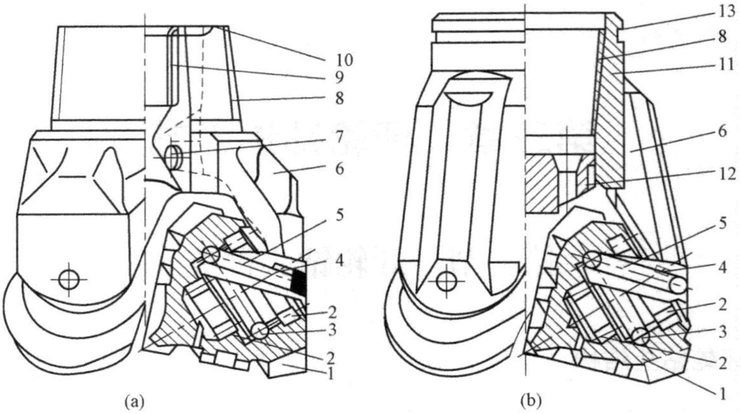

图 3-1　牙轮钻头结构图

(a) 无体式牙轮钻头；(b) 有体式牙轮钻头

1—牙轮；2—滚柱；3—滚珠；4、7—销钉；5—堵销；6—牙掌；8—连接螺纹；9—焊缝；10—标记端面；11—钻头体；12—泥浆板；13—标记环

二、三牙轮钻头分类

根据钻头的结构特征，分成二大类 8 个系列，详见表 3-1。

表 3-1　　**国产三牙轮钻头系列**

类别	系列名称		代号
	全称	简称	
钢齿钻头	普通三牙轮钻头	普通钻头	Y
	喷射式三牙轮钻头	喷射钻头	P
	滚动密封轴承喷射式三牙轮钻头	密封钻头	MP
	滚动密封轴承保径喷射式三牙轮钻头	密封保径钻头	MPB
	滑动密封轴承喷射式三牙轮钻头	滑动钻头	HP
	滑动密封轴承保径喷射式三牙轮钻头	滑动保径钻头	HPB
镶齿钻头	镶硬质合金齿滚动密封轴承喷射式三牙轮钻头	镶齿密封钻头	XMP
	镶硬质合金齿滑动密封轴承喷射式三牙轮钻头	镶齿滑动轴承钻头	XHP

三、三牙轮钻头形式与适应地层

根据不同地层的性质，各系列钻头又分成 7 种形式，现在用 1～7 个数字和不同颜色分别表示由软到硬的钻头，详见表 3 - 2。钻头型号表示方法：型号代号用表 3 - 2 规定的数字表示，系列名称代号用表 3 - 1 规定的代号字母表示，钻头直径用数字表示。

表 3 - 2　　国产三牙轮钻头型式与适应地层

<table>
<tr><td rowspan="3">钻头类型</td><td colspan="2">型号代号</td><td>1</td><td>2</td><td>3</td><td>4</td><td>5</td><td>6</td><td>7</td></tr>
<tr><td colspan="2">原型号代号</td><td>JR</td><td>R</td><td>ZR</td><td>Z</td><td>ZY</td><td>Y</td><td>JY</td></tr>
<tr><td colspan="2">颜色</td><td>乳白</td><td>黄</td><td>天蓝</td><td>灰</td><td>墨绿</td><td>红</td><td>褐</td></tr>
<tr><td colspan="3">地层性质</td><td>极软</td><td>软</td><td>中软</td><td>中</td><td>中硬</td><td>硬</td><td>极硬</td></tr>
<tr><td rowspan="3">适用的岩石</td><td rowspan="2">岩石机械性质</td><td>硬度（GPa）</td><td><1.5</td><td>1.0～2.0</td><td><2.0</td><td>2.0～3.5</td><td>2.0～3.5</td><td>2.0～4.0</td><td><3.5</td></tr>
<tr><td>塑性大小</td><td>极大</td><td>大</td><td>较大</td><td>中</td><td>小</td><td>较小</td><td>极小</td></tr>
<tr><td colspan="2">岩层举例</td><td colspan="2">泥岩、石膏、盐岩、软页岩、白垩、软石灰岩、</td><td>中软页岩、硬石膏、中软石灰岩、中软砂岩</td><td>硬页岩、石灰岩、中软石灰岩、中软砂岩</td><td colspan="2">石英砂岩、硬白云岩、硬石灰岩、大理岩</td><td>燧石岩、花岗岩、石英岩、玄武岩、黄铁岩</td></tr>
</table>

四、国产三牙轮钻头的标记

一般在钻头连接丝扣的端部打上钢字标记，内容包括厂名、钻头类型、系列、直径、连接扣型、出厂编号、日期、检验标记等。

分类编码：根据钻头牙齿特征及所适应地层分 8 个系列，根据地层特性分为 4 类，根据钻头结构特征分为 9 类，根据钻头附加结构分为 11 类。每一个钻头用 4 位字码进行分类编码，各编码意义见表 3 - 3。

表 3-3　　牙轮钻头分类编码字码表

分类	字码位置	编码及编码意义										
钻头牙齿特征及适应地层	1	1	2	3	4	5	6	7	8			
	对应意义	铣齿，软地层（低抗压强度）	铣齿，中一中硬地层（高抗压强度）	铣齿，硬、研磨性或半研磨性地层	镶齿，软地层（低抗压强度，高可钻性）	镶齿，软一中硬地层（低抗压强度）	镶齿，中硬地层（高抗压强度）	镶齿，硬、研磨性或中等研磨性地层	镶齿，极硬（高研磨性地层）			
地层性质	2	1		2		3		4				
	对应意义	软		中		硬		极硬				
钻头结构	3	1	2	3	4	5	6	7	8	9		
	对应意义	非密封滚动轴承	空气清洗、冷却、滚动轴承	滚动轴承，保径	滚动、密封轴承	滚动、密封轴承，保径	滑动、密封轴承	滑动、密封轴承，保径	保留代码			
钻头附加结构	4	A	C	D	E	G	J	R	S	X	Y	Z
	对应意义	空气冷却	中心喷嘴	定向钻进	加长喷嘴	附加保径/钻头体保护	喷嘴偏射	加强焊缝	标准铣齿	楔形镶齿	圆锥形镶齿	其他形状镶齿

五、施工中选择钻头应考虑的原则

（1）条件不具备应尽量选用非喷射式钻头（普通钻头）。

（2）尽量先用滑动轴承钻头，寿命长，工作安全。

（3）由于达不到规定的钻压，根据地层的可钻性，适当降低钻头的硬度级别。也就是优先选择齿较稀、较高的铣齿钻头，镶齿齿形先选用楔形齿或勺形齿钻头。

(4) 中、小直径用成品钻头，大直径（大于 311.2mm）钻头以自行组装、拼焊较为经济。

第二节　钻具组合

一、钻具组合选择

使用牙轮钻头应根据所要求的钻压及防斜保直的要求合理地组合钻具。钻具总的组成包括钻头、钻铤、钻杆和主动钻杆（一般为四方或六方钻杆，随钻机类型而定）四大部分。根据各部分直径和连接扣型的不同增加配合接头。根据防斜的要求，有条件时，增加扶正器、扩孔器等，在某些复杂、易发生事故的孔段，还可增加预防事故的部分，如安全接头、减震器、键槽扩大器等。

二、选择钻具组合时应遵循的原则

(1) 尽量简化组合，减少不必要的接头和直径变化，以减少发生事故的几率。为此，水井钻机所用钻杆单根长度为 9m，钻铤单根长度 9.45 m，钻杆、钻铤的连接均为公母扣直接连接，中间不带接头。

(2) 要配备足够的钻铤，要保证其质量的 80%满足钻头所需钻压。

(3) 尽量采用大直径的钻杆、钻铤，以保证钻具的刚性和泥浆上返速度，钻铤到钻杆的直径变化要逐级变小。

在实际应用中所用的钻具组合为钻头（d215.9mm～d311.1mm）＋钻挺（d203mm）30m＋钻挺（d168mm）10m＋钻挺 d89mm＋方钻杆 108mm×108mm（适用于 SJ2000 型以下钻机）可加钻压 4 t～11t。

第三节　钻进工艺原理

牙轮钻头钻进，牙轮钻头在井底滚动，牙齿以动载压入破碎岩石而不断钻进。该法以全断面钻进为主，在勘探和工程钻井中也常采用，是主要的钻进方法。

一、钻压、转速对机械钻速的影响

钻压和转速是直接影响孔底碎岩的两个关键工艺参数。单齿压入岩石时，其破碎坑体积与钻压的平方成正比，与岩石抗压入强度的平方成反比。牙轮钻进钻速 v_m 与钻压、转速、牙轮磨损、压差和水力因素之间的综合关系式如下：

$$v_m = K(P-W)n^{\lambda}\frac{1}{1+C_2h}C_PC_H$$

式中 P——钻压，kN；

W——门限钻压，kN；

n——转速，r/min；

K——地层可钻性系数，它与岩性、钻头类型及冲洗液性能等因素有关；

λ——转速指数，一般小于 1；

C_2——牙齿磨损系数，它与钻头齿形结构和岩性有关；

C_H——孔底水力净化系数，它是实际钻速与水力净化完善时的钻速，$C_H \leqslant 1$；

C_P——差压影响系数，它是实际钻速与零差压时的钻速之比，$C_P \leqslant 1$；

h——牙齿磨损量，以牙齿的相对磨损高度表示，新钻头时 h 等于 0，牙齿全部磨损时 h 等于 1。

式中的 W、K、λ、C_2 在岩性、钻头类型、冲洗液性能和水力参数一定时，都是固定不变的常量，可通过现场的钻进试验和钻头资料确定。

二、牙轮钻头的磨损

提高钻压和转速可以提高钻速，但也加速了钻头的磨损。特别是在深井钻进中，牙齿的过快磨损会缩短回次进尺，影响整体效率。

牙轮钻头的工作寿命有时不仅取决于牙齿的磨损，在某些研磨性较小的地层，还根据轴承寿命确定。

三、泥浆（洗井液）对钻速的影响

岩石在井底被破碎以后，为了继续钻进和快速钻进，必须把岩屑及时清除干净，泥浆对钻速的影响首先表现在泥浆的流动特性和水力因素对钻速的影响。现在的牙轮钻头都设有相应的喷嘴，在井底以一定的喷速进行喷射钻进。

在实际工作中，泥浆的密度对钻速的影响也很大，特别是地层中有孔隙压力存在时，由于井内液柱压力（动态的）与孔隙压力的压差造成对岩屑的压持效应，阻碍井底岩屑的清除，严重影响钻速。此外，研究表明，泥浆的固相含量对钻速也影响很大，甚至颗粒的大小也影响钻速，特别是直径小于 1μm 的胶粒对钻速影响更大。20 世纪 60 年代以后，在钻井工作中，选择泥浆时，首先在安全钻井条件下，人们都是尽量选用低密度、低固相、剪切稀释性强的不分散泥浆以便提高钻速。

第四节　牙轮钻头的使用管理

一、钻头的排序

钻头类型、规格选定后，要对现场钻头的直径进行仔细测量，按由大到小的顺序排列使用，这对于硬地层和保径作用差的钻头至关重要。

二、划眼工作

重视划眼工作，要根据不同的地层，进尺的快慢和钻头类型选择划眼。一般对于普通钻头、软地层，进尺快时，要加强划眼，以修整孔壁，保证井身质量。一般每钻进 1 m，提起 2m 划眼，每钻完 1 根钻杆，划眼 2 次，新钻头下钻遇阻超过 2t，要划眼到底，不许强下。但 XHP 类型钻头，则要避免划眼。

三、现场分析与管理

钻头从井内提出后，要立即观察、分析其磨损情况，再决定下一个钻头的类型、划眼深度和钻进参数。钻头的磨损主要有以下 4 个方面：

（1）牙齿的磨损。牙齿的磨损包括磨钝和崩断，按其高度，我国分为 4 级。

（2）轴承磨损。以 3 个牙轮中磨损最严重的一个为依据，我国分为 4 级。

（3）直径磨损。用钻头现测量其磨损后的实际尺寸。

（4）密封轴承的完好程度。一般用手转动牙齿，视其松紧程度和旷动大小分级。

习惯上将以上各种磨损量综合起来，对旧钻头的剩余使用价价值按百分比分成 4 级（报废、25％、50％、75％），对于尚有使用价值的钻头要加强保管，清洗干净后将轮体浸泡在机油内，以备再用。

四、资料的记载和报表

牙轮钻进时的班报表与常规钻进大同小异。主要不同是在班报表上要单独记载钻头使用情况，内容和格式见表 3-4。

表 3-4　　　　钻头使用记录

顺序号	直径	类型	厂家	新度		本班进尺			累计进尺	使用小时	
				下入	起出	自	至	计		本班	累计

五、事故的预防和处理

一般情况下，事故与岩芯钻探基本相同，此处只列举牙轮钻头在钻进中常发生的事故，详见表 3-5。

表 3-5　　　　牙轮钻头在钻进中常发生的事故及处理

事故种类	原因	处理
钻头脱落	脱扣或断扣	对扣、打捞筒捞取、磨削
牙轮脱落	轴承磨损过度、钻压过大、墩钻	磁力打捞器、打捞筒或“一把抓”打捞、磨削
轴承脱落	轴承磨损过度	磁力打捞器，捞杯或反循环打捞篮打捞，不处理继续钻进
掉块卡钻	地层不稳定、破碎、裂隙发育	振击（吊锤、井下震击器）、套铣、酸浴
缩径、坍塌或吸附卡钻	地层不稳定、水敏地层、泥浆胜能不佳	油浴、磷酸盐浴、套铣、倒划
央钻	硬地层中钻头外径磨损过度，新钻头划眼不够	强力起拔、震击（上击）套铣、磨削

思考题

1. 简述牙轮钻头钻进破岩机理。

2. 简述牙轮钻具的组成。

3. 简要说明冲洗液对牙轮钻进的影响。

4. 牙轮钻头的事故预防措施有哪些?

实训题

1. 根据地层岩性现场组配牙轮钻具进行钻进操作。

2. 请根据牙轮钻头实物辨识其结构并说出其名称。并对已使用牙轮钻头分析判断钻头磨损情况。

第四章　冲击回转钻孔工艺

第一节　概　　述

一、冲击回转钻进定义

冲击回转钻进是冲击式钻进和回转式钻进相结合的一种钻进方法。其孔内钻具的结构是，在一般回转钻进钻具的基础上，加一个冲击器（也称潜孔锤），在取芯钻进中冲击器安装在岩芯管上端，在无岩芯钻进时，则直接装在钻头之上。钻进时钻头既在一定轴压力作用下，又被地面钻机通过钻杆柱带动回转，同时还承受一定频率的冲击能量。地质勘探孔，冲击回转钻进主要使用清水、泥浆等液体进行洗井，这些液体介质也被用作冲击器的动力介质，因此将冲击机具又称为液动冲击器。

二、冲击回转钻进特点

冲击回转钻进的主要特点是钻头在静压作用下，由纵向冲击功载和回转切削共同作用而破碎岩石。这种钻进方法对钻探设备、钻头结构、钻进规程参数以及附属工具等，都有一些特殊要求。

冲击回转钻进能够提高钻进效率有以下几方面原因：

（1）冲击力是一种加载速度很大的动载荷，其明显特征是作用时间极短，岩石中的接触应力瞬时可达很大值。在这种情况下，岩石不易产生塑性变形而表面为脆性增加。冲击载荷这种瞬时作用和应力集中的特性，有利于岩石中裂隙的扩展而形成大体积破碎，从而提高碎岩速度。

（2）用硬质合金钻头回转钻进坚硬岩石时，切削刃必须在高的轴向压力下才能切入岩石，然而高的轴向压力将使钻刃被磨钝加剧而失去剋取岩石的能力，基结果是回次长度和钻头寿命都相应缩短。冲击回转钻进时的情况则相反，冲击回转钻进所需的轴向压力较小，转速也很低，与回转钻进相比，由于有冲击载荷作用，岩石破碎更主要以体积破碎形式出现，使钻速加快。同时，破碎同量岩石，切削具摩擦路程缩短，故其磨损也减少，因而可以获得较高的回次进尺和钻头寿命，即提高纯钻进时间。

（3）冲击回转钻进时，加有一定的轴向压力，这就改善了冲击功的传递条件，加强了冲击效果。冲击回转钻进比无预压的冲击钻进效率提高3～5倍，由于冲出器安装在孔底，冲击能直接施加在钻头或粗径钻具上，能量散失小，因此提高了冲击效率。

（4）冲击器连续不断地对岩石施加冲击载荷，在碎岩过程中裂隙扩展可同时从很多薄弱的地方开始破坏。有助于压碎和剪切体产生，容易形成均匀坑穴，而两次冲击间形成的凸扇形体中的裂隙，给回转作用提供良好的剪切条件。室内试验证明，在花岗石中，冲击回转钻进比单纯回转钻进效率高5～15倍。

（5）采用高频液动冲击器钻进时，岩石受高频脉冲冲击作用迫使岩石内部分子产生振荡，这也可产生疲劳破碎，使岩石强度降低。

（6）液动冲击器所需的大排量，使孔底液流速度提高，这不仅可起到一定的冲刷岩石的作用，且使孔底不容易积存岩屑，这就造成不发生或少发生岩石的重复破碎。

三、冲击回转钻进应用范围

实践证明，硬质合金冲击回转钻进最适用于粗颗粒的不均质的岩层，在可钻性6～8级、部分9级的岩石中，钻进效果尤为突出，其效率要高于现用的各种钻进方法（包括金刚石回转钻进）。

冲击回转钻进不仅应用于硬质合金钻进，而且还应用于金刚石钻进以及牙轮钻头钻进。它既可钻进较软的地层，又可钻进坚硬的地层，在易于孔斜的地层可以减少钻孔的斜度。

第二节　气动冲击回转钻进技术

一、概述

气动冲击回转钻进属于空气钻进技术的一个分支，这时压缩空气既作为洗井介质，又作破碎岩石的能量。用地面钻机通过钻杆对孔底施加压力和扭矩，带动钻头回转切削岩石，同时用压缩空气驱动孔底冲击器（潜孔锤）对岩石进行冲击破碎，即实现冲击一回转钻进。完成冲击功的压缩空气从孔底返回时冷却钻头，并携带孔底岩屑向上运动，排至地表。

气动冲击回转钻进深度受地下水位和出水量影响较大，目前钻进的最大深度是1980年南非金矿钻探的859m。机械钻速在花岗岩、灰岩中可分别达到20m/h和40m/h，而转速一般不超过60r/min，钻压和扭矩也较小。归纳起来，气动冲击回转钻进具有下述优越性：

（1）动力密度小，对孔底岩石压力小，碎岩比功小，冲击能量大，钻进效率高，钻头寿命长。

（2）有利于在无水、缺水地区和漏失地层钻进，不受季节限制，在冬季或冷冻地区可以使用。

（3）空气介质对地层、岩芯的污染小。

（4）消除了冲洗液在钻进时对孔壁的冲刷，有利于孔壁的保护．可避免水敏性地层钻孔缩径、坍塌以及岩石天然结构的破坏。

气动冲击回转钻进的不足之处在于：钻进能力受空压机能力的限制，尤其是遇到含水层时，效果显著下降，当涌水量较大时，因空压机能力不足，循环可能中止。

二、气动潜孔锤

气动潜孔锤按配气系统的不同，分为有阀潜孔锤与无阀潜孔锤。

1. 有阀潜孔锤

这类潜孔锤由配气机构的阀片控制气体推动活塞上、下运动。有阀潜孔锤排气方式以分为旁侧排气和中心排气两种，使用较多的为中心排气式，即缸内废气是从钻头中心孔排出。虽然这种潜孔锤结构比较复杂，加工要求较高，但排除岩粉的效果较好，因此可降低钻头的磨耗和提高钻进效率。

常用的J-200B型板状阀式潜孔锤为中心排气式潜孔锤，其结构如图4-1所示。

2. 无阀潜孔锤

无阀潜孔锤未设配气的阀，其控制活塞往复运动的配气系统是布置在活塞或气缸壁上的，当活塞运动时，自动进行配气。

无阀潜孔锤的特点：能够利用压气的膨胀功，推动活塞继续运动，从而减少了动力气的消耗。该类潜孔锤零件少、结构简单、加工方便，与有阀潜孔锤相比，压气消耗量可节省30%左右。我国常用的无阀潜孔锤为以W-200型无阀潜孔锤为代表，其结构见图4-2。

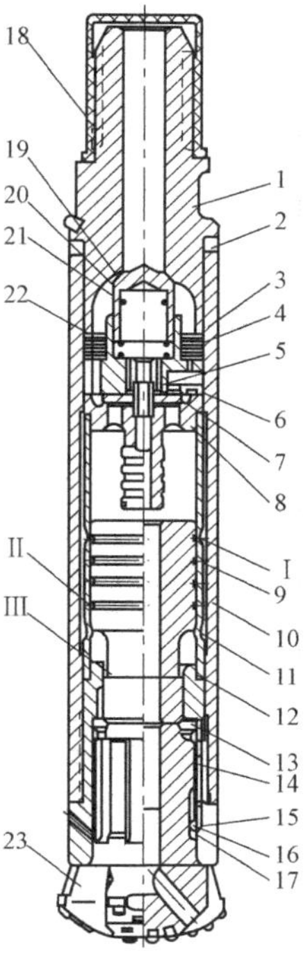

图 4-1　J—200B 型潜孔锤

1—接头；2—钢垫圈；3—调整圈；4—碟簧；5—节流塞；6—阀盖；7—阀片；8—阀座；9—活塞；10—外壳 11—内缸；12—衬套；13—柱销；14—弹簧；15—卡钎套；16—钢丝；17—圆键；18—密封圈；19—止逆塞；20—弹簧；21—磨损片；22—配气杆；23—钻头；Ⅰ—防空打孔；Ⅱ—内外缸环形腔；Ⅲ—衬套沟槽

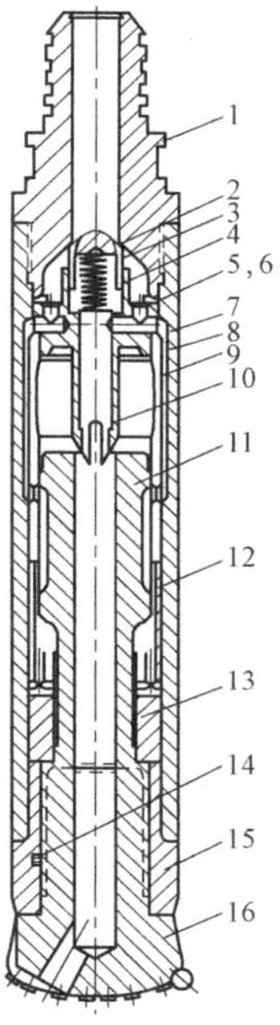

图 4-2　W—200 型无阀潜孔锤

1—上接头；2—密封圈；3—弹簧；4—止逆塞；5—垫圈；6—密封垫圈；7—进气座；8—内缸；9—外缸；10—节流塞；11—活塞；12—隔套；13—导向套；14—圆键；15—下接头；16—钻头

三、气动潜孔钻进工艺

1. 气动潜孔锤的钻进规程

气动潜孔锤钻进效率的高低，不仅取决于所用的空气压缩机、冲击器及钻头的性能和质量，而且必须正确选用钻进规程参数。

(1) 轴向压力（钻压）。从潜孔锤破碎岩石原理来看，其钻进效率主要取决于冲击功和冲击频率的大小。轴向压力主要用于克服潜孔锤使活塞下行时在气缸内产生的向上推举力，以保证冲击功有效地传递给钻头碎岩。因此，所需钻压主要取决于潜孔锤气缸内压力的大小。过大会引起钻头过早磨损，球齿掉落，回转困难；过小将影响冲击功的有效传递。一般当钻压达到1300～1600kg（J-200及W-200型冲击器）时钻进效率最佳。

（2）转速。钻具的转速主要取决于岩石性质、钻头直径、冲击功和冲击频率。气动潜孔锤主要以冲击动能来破碎岩石，回转仅是为了改变硬质合金刃破岩的位置，所以合理的转速应保证以最优冲击间隔破碎岩石。实践表明，J-200型及W-200型气动潜孔锤钻进，转速一般在15～30r/min范围内较为合适。如果转速太低，不仅会产生重复破碎，影响效率的提高，钻头球齿也易凿入破碎坑内，造成回转困难和钻头的损坏。如果转速过高，则不仅使冲击碎岩的作用减弱，而且钻头会强烈磨损，使冲击碎岩转化为切削碎岩，降低钻探效率，钻头磨损严重。

（3）供风量。潜孔锤钻进时，送入的压缩空气有两个作用：一是提供冲击器活塞运动的能量，二是携带岩粉、冷却钻头等。因此，供风量的确定，一方面要根据潜孔锤做功所需耗风量的大小，另一方面要保证钻杆环状空间中风的上返速度。钻孔环状空间内的上返风速必须大于岩屑的悬浮速度。

常规潜孔锤钻进的特点是不取芯，孔底岩石全面破碎，岩屑量大，并全面由高速气流携出孔外。因此，能否将孔底破碎的岩屑及时、干净地排出孔口是关系到钻速高低和能否维持正常钻进的关键。这就要保证整个钻孔各段上返风速都应明显大于岩屑的悬浮速度（一般为15m/s），特别是孔口处，风速不能下降太多。因此，设计钻孔结构时，应根据地层条件和潜孔锤钻进工艺的要求尽量简化，最好一径成孔。

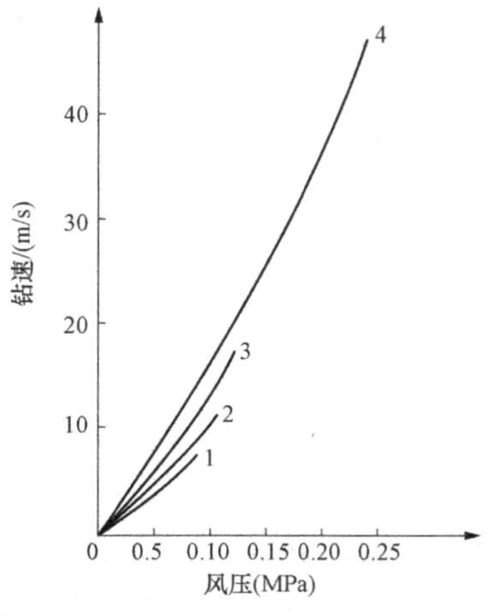

图4-3　潜孔锤风压与钻速关系图

1～3—阀式潜孔锤；4—无阀潜孔锤

（4）风压。气动潜孔锤钻进时，空压机压力主要用于克服压缩空气在整个流动通道中的沿程损失和各个局部压力损失，克服孔内水柱压力和提供潜孔锤工作所需要的压力。在钻进过程中，风压是个被动参数。但钻进速度与设备所能提供的风压密切相关。图4-3表示了四种不同型号潜孔锤（均配直径为152mm的柱齿钻头）在花岗岩中钻进时钻进速度与风压的关系曲线。可以看出，不同的潜孔锤在相同风压下钻进速度不同。而同一潜孔锤在不同风压下钻进速度变化尤为明显。阀式潜孔锤在风压 1.05MPa 左右时钻速最高。无阀潜孔锤随风压提高钻进速度增加得更快，每米进尺所消耗的风量则相对减少。

因此，在潜孔锤钻进中应密切观察风压表的变化，以便掌握潜孔锤的工作状态和孔内钻进情况。

2. 气动潜孔锤操作的一般注意事项

（1）加接钻杆后应保持潜孔锤距孔底有 0.5～1.0m 的安全距离（视孔内岩屑多少确定）。

（2）加接钻杆后，接上主动钻杆时应先送风，再慢慢下降钻具开始工作。

（3）应避免潜孔锤在不回转的情况下冲击，以防打出“键槽孔”。因故被迫停止回转时，应迅速将钻具提升一段距离，使潜孔锤尽快由冲击工作状态转为吹孔状态。

（4）回次终了时，应强吹孔底几分钟，以排除孔底积存的岩屑。有泡沫灌注装置时，可同时注入泡沫液，以提高吹孔效果。提出主动钻杆后，再慢慢停风，不可猛然放气，以防孔底含岩屑的水倒灌潜孔锤。

3. 气动潜孔锤钻进复杂地层的注意事项

虽然潜孔锤主要用于基岩钻进，但在施工中不可避免地会遇到一些硬脆碎、坍塌、漏失等复杂地层，在工艺上应采用一些特殊方法。

（1）覆盖层及风化基岩地层。这类地层破碎、软硬不均，往往含有卵砾石及松软岩土等，在潜孔锤钻进中易出现钻孔坍塌、堵塞钻头气路，造成冲击器无法持续工作。这种情况下，常用的方法是采用硬质合金钻头进行空气取芯钻进，潜孔锤同步跟管钻进或用双壁钻杆实现泥浆反循环钻进。

（2）少量渗水的弱含水地层。钻进这类地层易出现“泥领”糊钻，使排屑困难，甚至终止。这时，钻具回转、提动都很困难，空压机风压急剧升高。在这种情况下，最好改用泡沫钻进。

（3）破碎坍塌地层。气动潜孔锤钻进中，为了使孔内上返风速保持一定，应尽量简化钻孔结构，尤其不宜采用下多级套管隔离的方法。下入孔口管后，如钻入非主要含水层的破碎地层，可采用水泥固结透孔法继续用原口径潜孔锤钻进。

（4）大裂隙和溶洞地层。水位以上的大裂隙和溶洞对排屑影响最大，又难以用水泥封堵，多用下套管法处理。

4. 气动潜孔锤钻进的主要设备及配套机具

气动潜孔锤钻进的主要设备包括钻机、空气压缩机、潜孔锤等。配备机具包括钻杆、孔口装置及除尘设备等。

（1）钻机。气动潜孔锤钻进用的钻机与一般钻机基本相同。为满足潜孔锤钻进的工艺，该钻机立轴（转盘）转速应有低速档（10～30r/min）。为适应连续钻进和钻具拧卸机械化，最好采用动力头式钻机。

（2）空气压缩机。空气压缩机是潜孔锤钻进的主要设备之一。作为潜孔锤的原动机，空压机的性能对潜孔锤的钻进效能有直接影响。气动潜孔锤钻进一般都使用容积式空压机，其中以往复活塞式和螺杆式较为普遍。

（3）除尘设备。气动潜孔锤钻进靠高速气流把岩屑吹至地表。尤其是采用单壁钻杆正循环排屑，在未见地下水的孔段时，会造成粉尘飞扬，既损害操作人员的健康，又污染钻探设备。潜孔锤钻进时必须辅以相应的干法除尘或湿法除尘及孔口装置。我国自主研制了由孔口罩、尘降柜、引风机、旋流除尘器及通风管组成的孔口密封和捕尘装置。在无水的干孔钻进时，还可采用孔口喷雾的湿法除尘，该方法简单，效果良好。

第三节　液动冲击回转钻进

一、液动冲击回转钻进的应用范围

液动冲击回转钻进不仅应用于硬质合金钻进，而且还应用于金刚石钻进以及牙轮钻头钻进。它既可钻进较软的地层，又可钻进坚硬的地层。冲击回转钻进应用于小口径金刚石钻进中，它不仅提高了钻进效率和钻头寿命，还克服了金刚石钻进在裂隙发育地层易堵芯的问题、坚硬致密地层发生打滑问题，以及某些地层容易引起钻孔强烈弯曲的难题，或者由于钻机开不了高转速而影响孕镶金刚石钻头钻进效率时，用冲击回转钻进法也可弥补其不足。此外，在易于发生孔斜的地层中，可以减少钻孔的斜度。

二、液动冲击回转钻进特点

1．钻进效率高

硬合合金冲击回转钻进在 5～7 级、部分 8 级岩石中钻进，比普通硬质合金回转钻进效率高 50％～100％。

小口径金刚石冲击回转钻进在 8～10 级完整岩石中钻进，比普通金刚石回转钻进效率高 20％～50％。

在致密弱研磨性的“打滑”地层则可提高 50％～100％或更高。

2. 钻孔质量好

试验证明，液动冲击回转钻进方法，由于钻头破碎岩石的方式不同于回转钻进，所使用的钻进规程钻压小，转速低，同时进尺又快，故不易发生孔斜。

3. 孔内事故少，回次进尺长，纯钻进时间利用率高

由于在冲击回转钻进中钻压小、转速低、水量大，孔内干净，管材磨损少，从而就大大减少钻具抓断、烧钻、埋钻、一长钻等孔内事故。另外，轻微的卡钻还可利用冲击器的震击作用自行排除，故纯钻进时间可提高 20%～25%。

4. 钻探成本低

液动冲击回转钻进由于效率高、材料消耗少、纯钻进时间利用率高，故钻探成本一般可下降 15%～20%。

三、液动冲击—回转钻对钻探设备的要求

采用硬质合金钻头进行冲击—回转钻进时，钻机应有低速档（例如 30～50 r/min)，而采用金刚石钻头时，则和回转钻进时相同。

液动冲击回转钻钻进中，水泵是液动冲击器的动力能源。水泵的压力和泵量的大小，直接影响冲击器的工作性能。我国在岩芯钻中进行冲击回转钻进时，地矿部系统主要选用 BW-250，BW-200 及 BW-320 型泥浆泵。其他系统也有选用其他类型的泥浆泵。

液动冲击回转钻进时，由于泵压高且有脉动性变化，故应配备具有良好抗振性能的泵压表，目前已有 BY-60 型、FGY-1 型及 YK-100 等型耐震压力表，均可满足生产使用要求。

四、液动冲击—回转钻配备的附属设备

1. 高压管路系统

液动冲击回转钻进中，水泵的泵量和泵压都比普通回转钻进时要大（冲击器一般多在 1.5～4.0MPa 下工作）。为了保证高压液流的正常输送，一般生产现场应配备一套高压管路系统（见图 4-4 所示）其中包括：

高压密封水接头要求转动灵活、高压密封经久不漏，并且芯轴的通孔要大，以减小大流量水流的阻力损失。

高压胶管及其接头根据所使用的冲击器应配备直径 1″～2″、耐压 8MPa 以上的钢丝编织的（两层或三层）、镜装高压胶管。

稳压罐目前普通水泵上装置的空气室容积较小，不能较好地消除排量不均匀

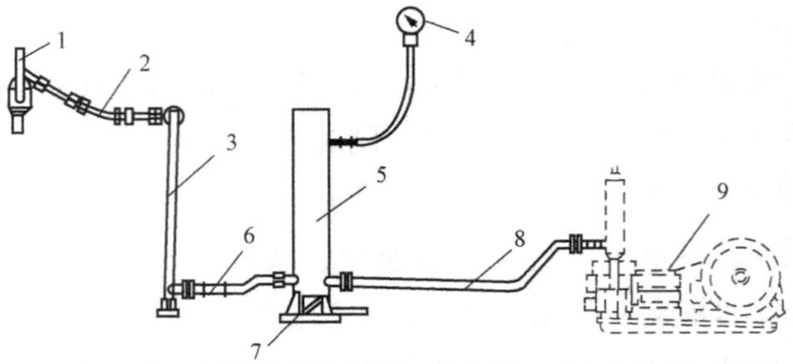

图 4-4　冲击回转钻进高压管路系统图

1—提引水接头；2—高压胶管；3—立管；4—压力表；5—稳压罐；
6—流量计；7—阀门；8—高压管路；9—水泵

性和增强冲击时的液压稳定性。所以，在水泵的输出管与高压胶管之间，需要安装一个稳压罐，如图 4-5 所示。

稳压罐可用直径为 146mm 或更大的无缝钢管制作，要求耐压能力在 10 MPa 以上，容积应大于 0.1m^3。

2. 孔内附属装置

孔底反射器，又称储能器或液压波反射器。主要作用是进行液动冲击钻进时，由于水锤波能量消失较大，使其利用率大幅度降低。为了减少波能的散失，增加液动冲击器的能量利用率，提高工作性能，可在其上部设置反射器，见图 4-6。

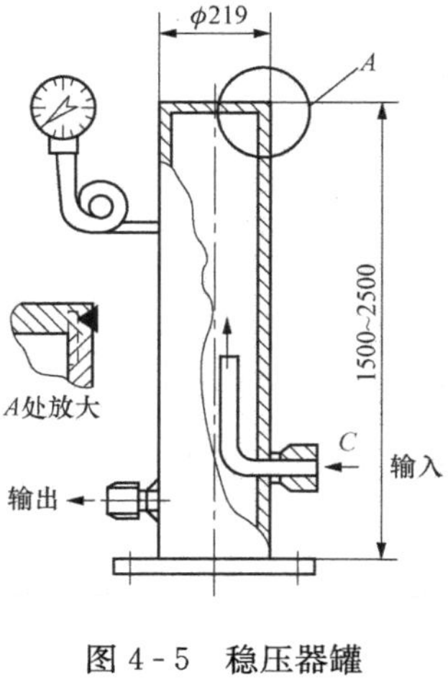

图 4-5　稳压器罐

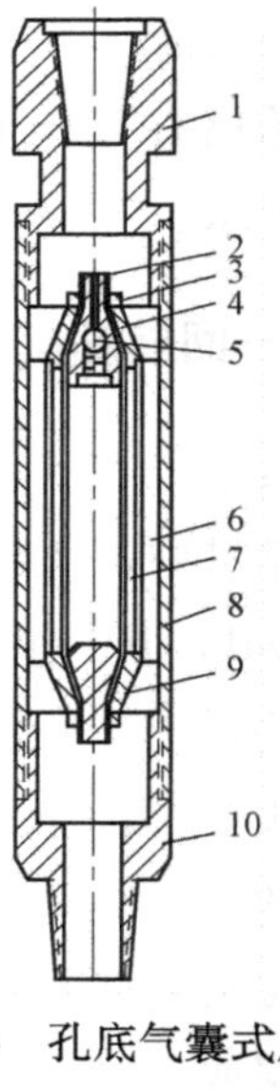

图 4-6　孔底气囊式反射器

1—上接头；2—塞子；3—螺母；4—锥体；5—球阀；
6—内管；7—橡胶管；8—外壳；9—夹套；10—下接头

常用的反射器有气动的、硬性的和弹性的三种。

钻杆密封：钻杆接头密封为了防止钻杆接头丝扣处漏水而降低液功冲击器的工作性能，在钻杆接头丝扣处采取密封措施。这在深孔作业或钻进硬岩层时，尤为重要。钻杆接头处若有漏泄，则会损耗部分泵量、泵压，直接降低液动冲击器工作性能从而影响钻进效率。

一般常用的密封方法有缠棉纱、涂抹丝扣油及加添接头密封胶圈等。缠棉纱的方法比较麻烦，不易坚持使用。同时由于棉纱头落入冲击器中后，堵塞通水水路或卡塞运动部件，还会影响冲击器的工作性能。

目前常用的有液压胀开式密封圈和拧接压缩式密封圈两种。

液压胀开式密封胶圈如图 4-7 所示，它是在高压液流作用下将密封胶圈胀开，进而密封钻杆接头互相拧接后的丝扣缝隙，液流的压力越大，其密封效果越好。

拧接压缩式密封胶圈如图 4-8 所示，它是在拧接公母接头时靠压缩密封胶圈来达到密封丝扣间隙的目的。

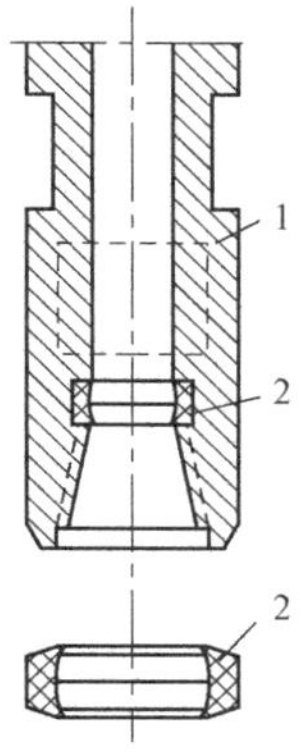

图 4-7　液压胀开式密封圈

1—钻杆母接头；2—橡胶圈

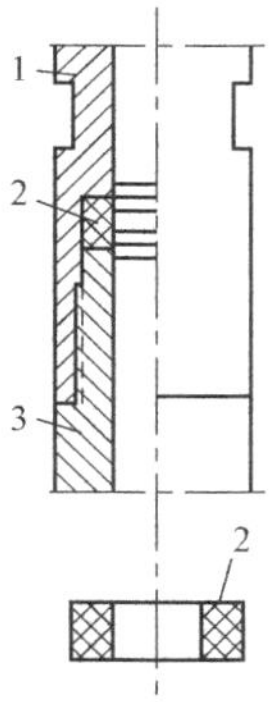

图 4-8　拧接压缩式密封胶圈

1—钻杆母接头；2—橡胶圈；3—钻杆公接头

第四节　液动冲击器

液动冲击器是以钻进的泥浆泵所输送的高压液流作为能源的。液动冲击器种类很多，其中阀式冲击器比较成功。主要有正作用、反作用及双作用三种形式。

一、阀式“正作用”液动冲击器

阀式“正作用”液动冲击器以液压推动冲击锤下行进行冲击，用弹簧恢复其原位的称之“正作用”液动冲击器，如图 4 - 9 所示。

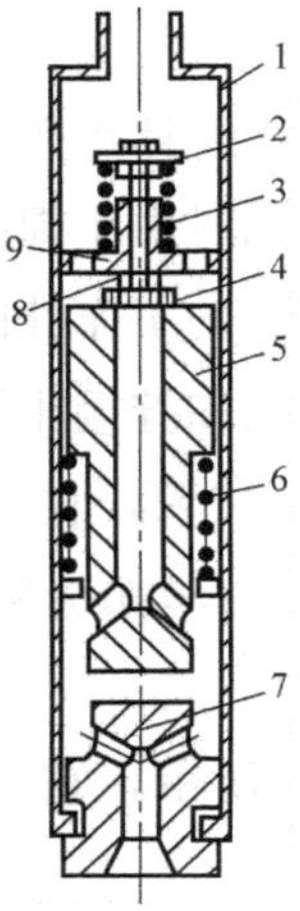

图 4 - 9　“正作用”液动冲击器工作原理示意图

1—外壳；2—活阀座垫圈；3—阀簧；4—活阀；5—冲锤活塞；6—锤簧；7—铁砧；8—缓冲垫圈；9—阀座

从结构方面分析，正作用冲击器的主要的优点是，冲锤向下作功时，可利用高压室中巨大的水锤能量，结构图如 4 - 10 所示。

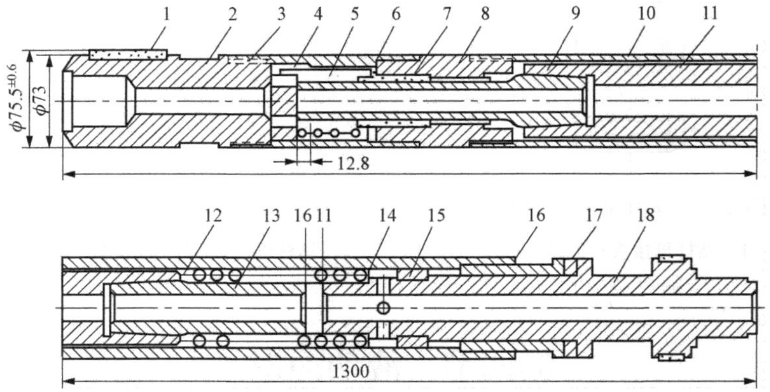

图 4 - 10　YZ 型正作用冲击器结构图

1—保护硬质合金；2—上接头；3—阀壳；4—阀；5—阀簧；6—压盖；7—密封填料；8—中接头；9—活塞；10—外壳；11—重锤；12—锤簧；13—锤头；14—锤簧调节垫；15—卡瓦；16—六方套（或八方套）；17—冲程调节垫；18—下接头

二、阀式"反作用"液动冲击器

阀式"反作用"冲击器如图 4 - 11 所示，与"正作用"冲击器相反，它是利用高压液流的压力推动活塞冲锤上行，并压缩工作弹簧储存能量，经释能而作功。

三、阀式"双作用"液动冲击器

"双作用"液动冲击器如图 4 - 12 所示。

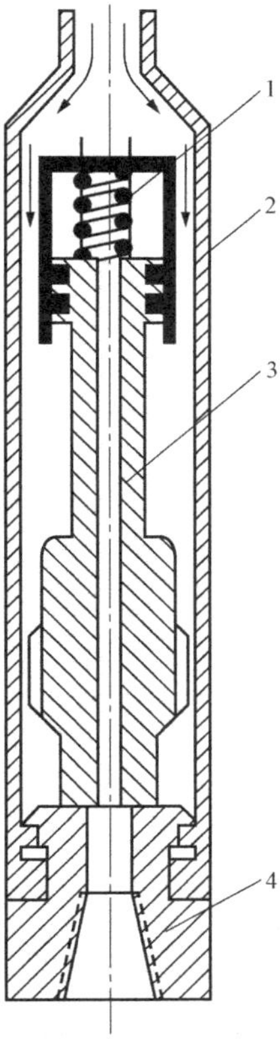

图 4 - 11　"反作用"液动冲击器工作原理示意图

1—工作弹簧；2—外壳；3—冲锤活塞；4—铁砧

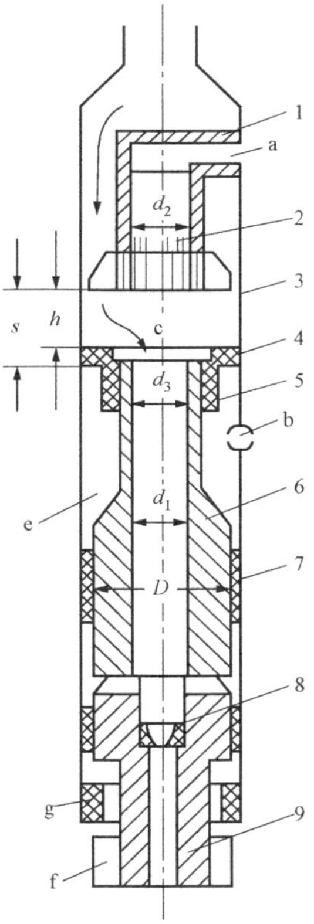

图 4 - 12　"双作用"液动冲击器工作原理示意图

1—带孔的活阀座；2—活阀；3—外套；4—支撑座；5—导向密封件；6—塔形冲锤活塞；7—导向密封件；8—节流环；9—砧子

四、射流式液动冲击器

射流式冲击器的结构如图 4 - 13 所示。

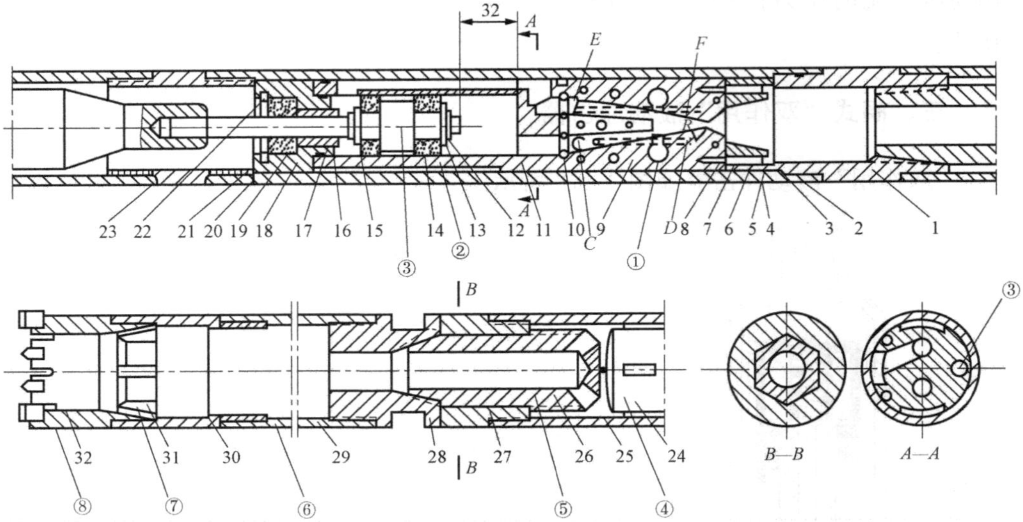

图 4 - 13　射流式液动冲击器

①—射流元件；②—箱体；③—活塞；④—冲锤；⑤—砧子；⑥—岩芯管；⑦—卡簧；⑧—钻头

1—上接头；2—缸套外壳；3—打捞垫；4、13、22—弹簧挡圈；5—螺栓；6、8、10、17—“O”形密封圈；7—打捞螺纹；9—射流元件；11—缸体；12—活塞杆；14，20—密封圈；15—支撑环；16—导向铜套；18—压盖；19—支撑环；21—铜垫；23、28—接头；24—冲锤；25—外壳；26—砧子；27—六方套；29—岩芯管；30—卡簧座；31—卡簧；32—钻头

五、绳索取芯式液动冲击器

绳索取芯钻进技术是一种使用广泛、技术先进的岩芯钻探方法，在提高钻进效率，减少辅助时间、改善操作人员的体力劳动强度、降低成本等方面具有突出的优点。但是由于其钻头唇部壁厚，在一定的钻压下单位面积上的钻压较小，在硬岩（特别是坚硬致密的）“打滑”地层中的钻速较低。为了提高其钻探效率将绳索取 J1 钻具同液动冲击器钻进结合起来，即在原有绳索取芯钻具上增加一个冲击动载，增大轴向压力，就可改变其碎岩机理，从而增强碎岩效果。

国内研制的有 TK - 60S、TK - 75S、S75C、S59 C、SZG - 59 等型号。

第五节　冲击回转钻进的碎岩钻具

一、冲击回转钻进的钻头工作条件

（1）冲击回转钻进优势。冲击回转钻进时，钻头的工作条件总的来说，处于比普通回转钻进更加繁重的工况。除了承受与回转钻进相同的载荷外，纵向振击的载荷比回转钻更大。但钻进规程选用合理时，钻头所承受的各种载荷反而比回转钻进要低。例如，当冲击回转钻进的钻压和转速均比回转钻进低时，钻头上硬质合金片的磨损较轻，供给的流体流量较大；孔内比较清洁，钻头冷却也较充分；破碎岩石时也比较好地利用了岩石的脆性；冲击载荷对岩石表面造成裂纹，减轻了回转钻进时硬质合金刃的负担等。所以，大量的试验资料得知：冲击回转钻进的钻头，无论是硬质合金钻头或金刚石取芯钻头的寿命，均比回转钻进有不同程度的提高。

（2）液动冲击回转钻中，硬质合金钻头合金刃形状。

1）单楔面刃：多用于可钻性较低的岩石和高频低冲击功的冲击器；

2）不对称双面刃：多用于可钻性较高和低频率大冲击功的冲击器；

3）对称双面刃：多用于可钻性较高和低频率大冲击功的冲击器。

钻头的刃角越大应力越小，因此，在设计钻头时，应当随着岩石级别的提高和冲击载荷（纵向载荷）的提高，适当加大刃角，以改善硬质合金刃的耐久性从而避免早期磨损或断刃。

金刚石钻头在坚硬岩石中钻进时，要达到高效碎岩—体积破碎的程度，是需要保证足够的钻压的。但很高的钻压又将造成钻头端面冲洗困难、温度过高，同时还可能在钻头底部形成致密的压实层，而这些都是阻碍钻速提高的主要原因。因此，若在金刚石钻头上增加高频和低冲击功时，将会改善金刚石钻头在孔底的工作状况而提高钻进速度，此时，金刚石颗粒承受的载荷和回转钻相比，主要是增加了纵向的冲击载荷。由于金刚石在液动回转冲击钻进时冲击力较小，频率较高回转切削是主要的，所以金刚石钻头的工作条件和回转钻进近似。

当液动冲击回转钻进采用牙轮钻头时，其主要特点是牙轮齿对岩石的冲击作用更加激烈，增大了冲击碎岩的效果。

二、液动冲击回转钻进中常用的硬质合金钻头

根据钻孔要求冲击回转钻进所用的钻头可分为取芯式和不取芯式两种。

(1) 取芯式硬质合金钻头。液动冲击回转钻采用硬质合金钻头主要特点是，为了安装岩芯卡簧的需要，钻头体一般较长；同时由于冲击器要求的冲洗液量大，钻头具有较大的液流通道。硬质合金的镶焊的牢固性（硬质合金块不脱落和早期损坏）要比纯回转钻用的钻头为高。我国常用的取芯式硬质合金钻头有以下几种：

1) HCT 硬质合金钻头。HCT 硬质合金钻头结构见图 4-14。HCT 型三种钻头的共同特点是：硬质合金均为柱状，牌号为 YG6X 或 YG6T，垂直镶焊于钻头体上，不对称双面刃，刃角 α 为 95°，负前角 y 为 30°。液路通道断面较大，有利于钻头冷却和减少背压。该型钻头用于高频低冲击功的液动冲击器，可钻进在可钻性为Ⅴ～Ⅶ的岩石中。

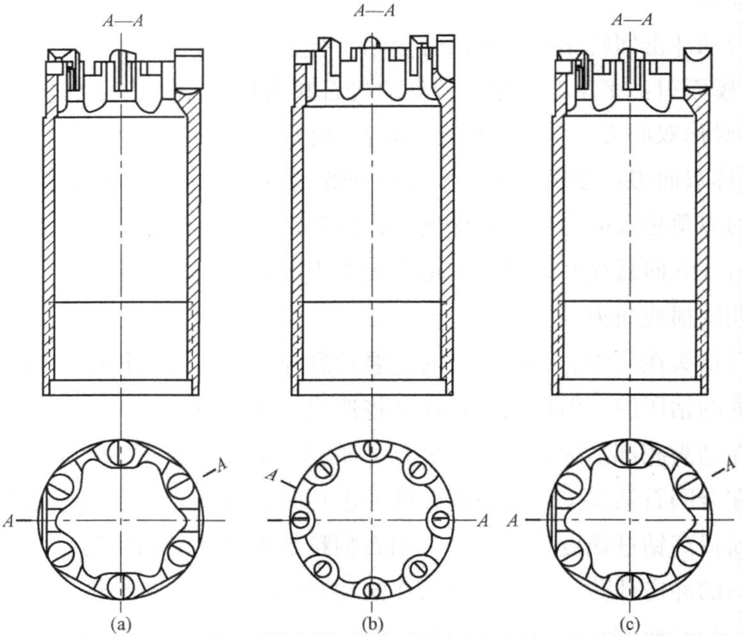

图 4-14　HCT 型硬质合金钻头结构图

(a) —HCT-56-1；(b) —HCT-56-2；(c) —HCT-56-6

2) 大八角肋骨钻头。大八角肋骨钻头结构如图 4-15 所示，其特点是钻头

体上焊有肋骨片，目的在于加大液流通道和增强硬质合金固定的条件。当钻头外径为 110mm 时，镶焊 8 粒 T107 或 T110 型硬质合金，对称双面刃，刃角为 90°～100°。底出刃为 5 mm，内外出刃分别为 2 及 3 mm，肋骨厚 3 mm。

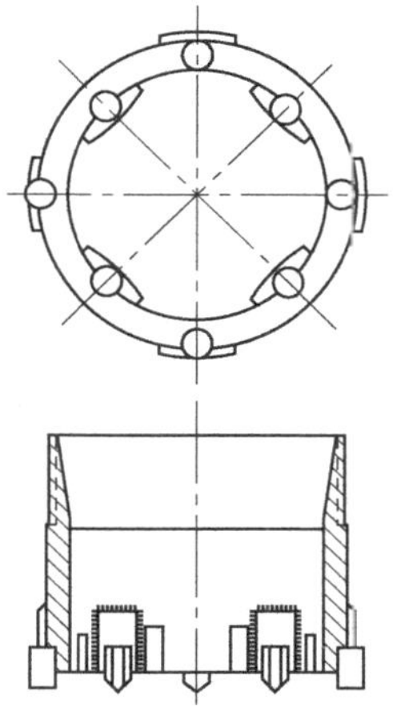

图 4-15 大八角肋骨硬质合金钻头

3）长方片状肋骨钻头。长方片状肋骨钻头结构如图 4-16 所示，这种肋骨式钻头内肋骨与钻头体连成一体，是车削而成，当直径为 91mm 时，外肋骨片厚度为 4 mm，外出刃 1.5 mm，内出刃 1mm，底出刃 5mm，硬质合金为 T5 型，牌号为 YG11C，对称双面刃，冲击刃角 110°。长方片状肋骨钻头的特点是液路通道大，适宜于采用大冲击功低频率液动冲击器在中硬岩层中钻进。

4）异形硬质合金钻头。异形硬质合金钻头结构如图 4-17 所示。为了增大液流通道断面，减少流阻背压和岩芯堵塞，将钻头钢体用模具冲压成三角状或四角状，对于直径 75mm 钻头，镶焊 6 粒 K210 或 K212 硬质合金，牌号为 YG11C，内外出刃各 1mm，底出刃为 2.5～3mm，适宜于在钻进Ⅴ～Ⅶ级中硬岩层中使用。该型钻头使用的工作量已达 $5\times10^4\sim6\times10^4$m。

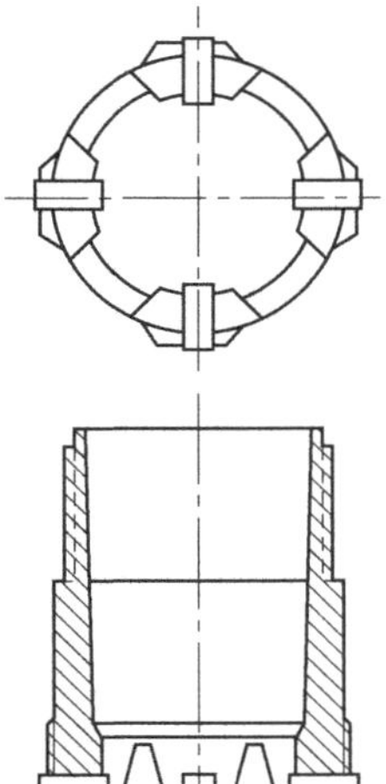

图 4-16　长方片状肋骨式硬质合金钻头

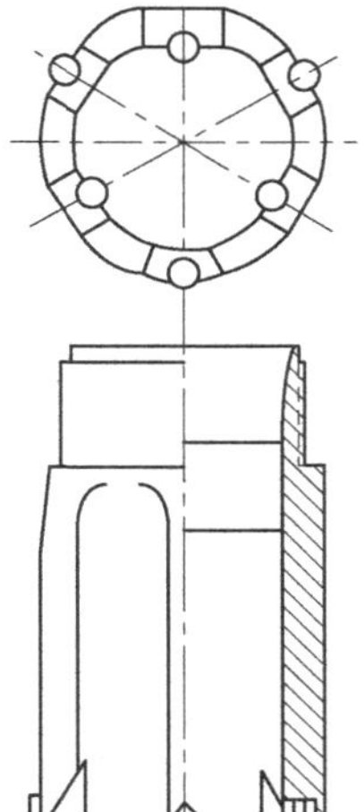

图 4-17　异形硬质合金钻头

这些钻头的主要特点是：为了加大液流通道和提高硬质合金的固定条件，钻

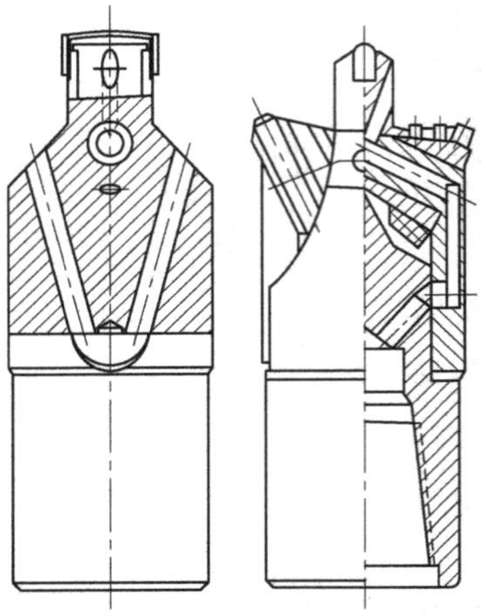

图 4-18 硬质合金球齿牙轮钻头

头体均经过专门的加工，形成内外“肋骨”的形状。所有这些钻头其硬质合金牌号都是 BK15。

（2）不取芯式全断面钻进硬质合金钻头。不取芯全断面钻进用的硬质合金钻头有硬质合金牙轮钻头和具有超前刃的十字形钻头，它们的结构见图 4-18、图 4-19、图 4-20。

（3）硬质合金钻头材质和镶焊工艺。冲击回转钻进时，钻头承受有冲击载荷、轴压载荷和回转扭矩，因而处于很复杂的应力状态。故此，对钻头的材质和加工工艺的要求较高。

冲击回转钻进用钻头的钢体，最好选用合金钢材。制造钻头体的材料应符合我国国家标准 YB/T 5052—1993 的规定。

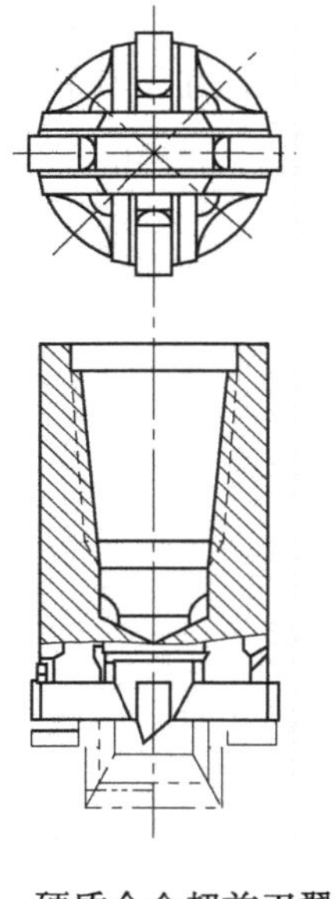

图 4-19 硬质合金超前刃翼状钻头

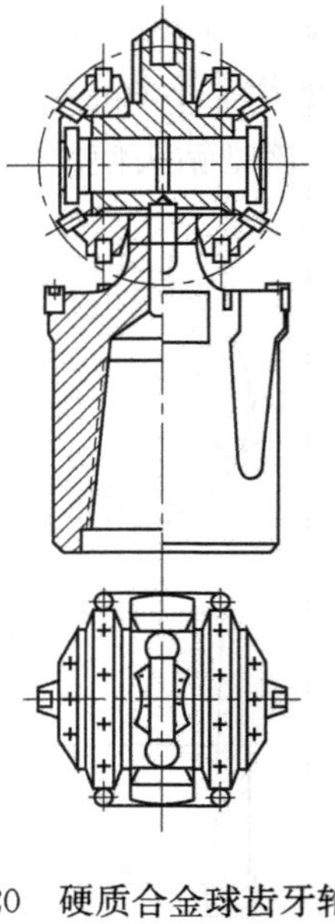

图 4-20 硬质合金球齿牙轮钻头

冲击回转钻头用的硬质合金，除了要求较高的硬度和抗弯强度外，还要求有较高的冲击韧性。岩石强度低、冲击器单次冲击功小，可选用 YG4C、YG6X，YG8 等牌号。而当钻进的岩石强度较高、冲击器单次冲击功大时，则可选用

YG11C 或 YG15C 等牌号。

三、液动冲击回转钻进中常用的金刚石钻头及其特点

1. 液动冲击回转钻进中常用的金刚石钻头

与金刚石钻头配套使用的液动冲击器，一般都是高频小冲击功型。采用这种冲击器并选择适当的金刚石钻头，将会在坚硬岩层和“打滑”地层中有效地提高钻进速度和钻头寿命，从而获得较满意的经济效益。

我国金刚石冲击回转钻进中仍是用普通的回转钻进用的金刚石钻头。但由于冲击回转钻进工艺不同于纯回转钻进工艺，故在钻头结构上略有特点。

2. 冲击回转钻进钻头结构特点

（1）金刚石冲击回转钻进方法仍以回转作用为主，冲击为辅，一般选择表镶或孕镶式钻头，也可采用聚晶体表镶钻头。

（2）由于在钻进中金刚石要承受较大的冲击动载，应选用强度较大的金刚石。金刚石镶嵌之前最好先进行圆化和金属镀层处理（在金刚石外面包镀一层镍或铬、铝等金属），以提高金刚石的抗冲击和包壤能力。

（3）胎体硬度应保证有足够的强度和硬度，避免受冲击作用而破裂。

（4）由于冲洗液量大，为了减少冲洗液流经钻头时所产生的阻力以提高冲击器的使用效果，钻头的通水面积应增大。具体办法是，增加水口水槽数量。如图 4-21 所示，在钻头上增设副水口。此外，钻头钢体内、外壁上的水槽还应长些、深些，适当增加胎体外径与钢体外径之差值，以增加钻头通水截面。

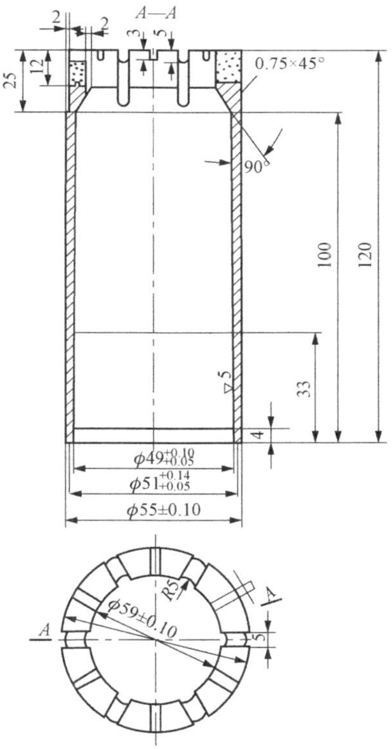

图 4-21　副水口式金刚石钻头

（5）为了适应冲击回转钻进的工况，钻头底唇形状可采用环槽形或交叉形。环槽形金刚石钻头的结构见图 4-22 所示。槽的顶端做成弧形。这种形式的底唇不仅碎岩效率高（即充分发挥了体积破碎作用），而且具有较好的防斜作用。

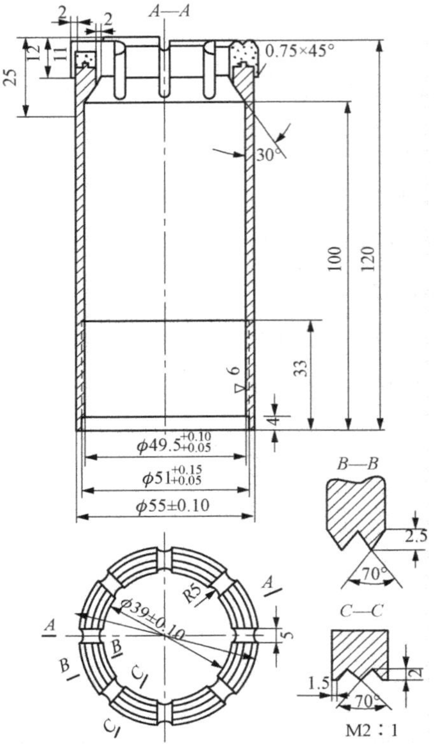

图 4-22 环槽形金刚石钻头

四、风动冲击回转钻用的钻头

风动冲击回转钻用的钻头也分取芯式和不取芯的全断面钻进钻头两种，且目前使用最多的为后者。这类钻头的结构如图 4-23 所示。

柱齿型钻头。它是用机械的方法，将一定规格的硬质合金柱压入到钻头体上的齿孔中而成。柱齿钻头可分为平头型、圆弧头型（球形）、中间凹陷型及中间凸出型等。圆弧头和中间凸出型钻头在钻进过程中有自行修磨的特点，故有较高的钻速。这种钻头能使钻进速度趋于稳定。中间凹陷型钻头在钻进时产生凸出的岩芯柱，能起到定心作用，所以它钻孔弯曲较小，并能抵消指向钻头中心的作用力，并相应地可以减少钻头的回转力矩，如图 4-23（a）。

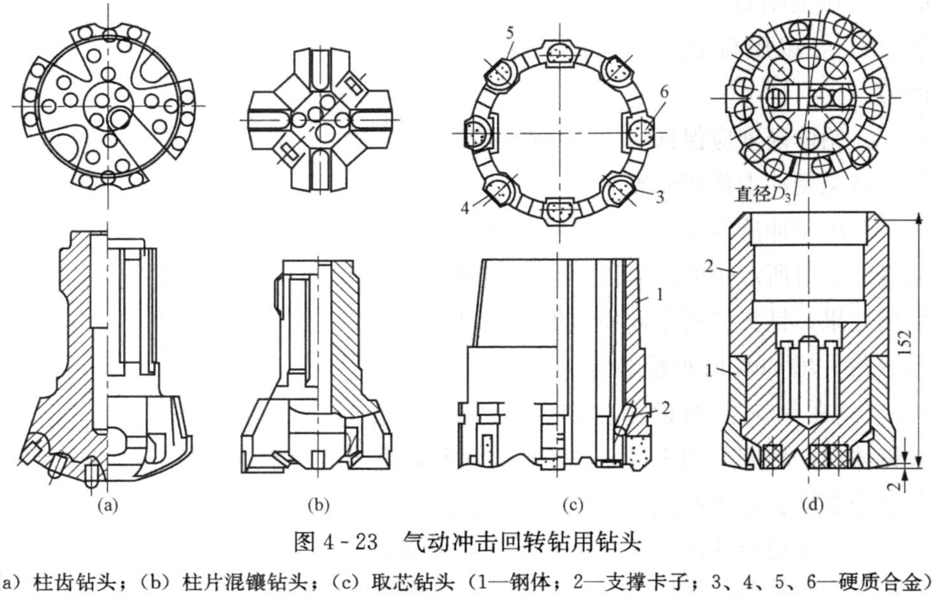

图 4-23 气动冲击回转钻用钻头

（a）柱齿钻头；（b）柱片混镶钻头；（c）取芯钻头（1—钢体；2—支撑卡子；3、4、5、6—硬质合金）；（d）双层全面钻头（1—外钻头；2—内钻头）

柱片混镶钻头的周边镶焊刃片，中心凹陷处镶嵌柱齿。这是根据钻头中心碎岩量小而周边碎岩量大而设计的。这种钻头有较高的径向抗磨能力，保径性好。其缺点是制造工艺较为复杂。如图 4-23（b）。

取芯式钻头目前在冲击器下部接上一定长度的岩芯管和取芯钻头，即成为取芯潜孔锤钻具。目前我国风动冲击器用的取芯钻头，一般将刃片合金镶焊在厚壁钻头体上。如图 4-23（c）。

双层面全面钻头如图 4-23（d）所示，其优点是可以方便更换磨损的外层钻头。

第六节　冲击回转钻进工艺

一、冲击回转钻进的岩石破碎机理

冲击回转钻进是回转钻进和冲击钻进的联合，它们互相补充，发挥出主要优点。在冲击回转钻进的统称术语下，又分成冲击回转和回转冲击两种不同概念，主要是依据碎岩方法的主次来区分的。

冲击回转破碎岩石主要是冲击载荷引起的，轴压力主要用来克服钻具的反弹力，改善冲击能的传递。回转力矩主要是使硬质合金刃沿孔底剪切两次冲击间残留的岩石脊峰。因此，在拟订回转速度的最佳规程时，应保证能够将中间突起的扇形体剪掉。这种钻进方法要求冲击器性能是低频率、大冲击功，并采用硬质合金钻头。对于脆性硬岩来说，利用这种冲击剪崩和回转剪切作用，造成大颗粒岩体的剥离作用。随着岩石的脆性与硬度增大，这种碎岩效果更加显著。

回转—冲击钻进法，就是把高频低能量的冲击载荷，加在一般回转钻机的硬质合金钻头或金刚石钻头上。回转冲击钻进法主要应用于小口径钻具上，要求冲击器性能是高频、小冲击功。回转冲击钻进法方法之所以能破碎孔底岩石，主要是岩石受高频冲击力后，一方面在刃具接触处产生应力集中，增大了破碎体积。另一方面岩石内部分子被迫振荡而产生疲劳破坏并降低了强度，再加轴向的静压和回转切削，因而增强了破碎岩石的效果。

在坚硬致密的地层中，若采用普通金刚石钻头，回转钻进产生“打滑”现象时，如果改用动载冲击载荷，破碎效果十分显著，其钻进效率可提高数倍。

二、影响冲击—回转钻进碎岩效果的因素

影响冲击—回转钻进效率的参数主要有轴向压力、回转速度、冲击功和冲击频率。实践证明，对于不同岩石，各参数间存在着最优的配合关系。

1. 冲击能量对碎岩效果的影响

试验表明，随着冲击能量的增大，岩石的破碎穴越大，破碎穴地越深。因此，单从碎岩量出发，冲击器的冲击能量越大越好。但是，评定碎岩效果的合理性，还必须考虑到碎岩时的单位体积破碎能（比功）。比功表示了碎岩的能量消耗水平。

试验表明，无论单次冲击或多次冲击钻进，冲击能量和单位体积破碎能（比功）的关系基本一样，即冲击能量很小时，岩石难以破碎，也就是比功很大；而关冲击能量相当大时，破碎比功在一个不大的范围内有起伏变化。只要冲击能不是很小，破碎比功基本上是个稳定值。

对于一般岩石而言，每厘米刃长上的冲击能量若超过 10J，破碎比功可以认为是个变化不大的稳定值。

2. 最优冲击间隔

使两次冲击间的岩石脊峰能被全部剪崩或切削掉的最大间隔，称为最优冲击间隔。

在两次冲击之间，切削刃便回转一个角度。冲击间隔反映了转速与冲击频率之间的关系。如何选定合适的冲击间隔，是冲击一回转钻进中的一个重要问题。

3. 冲击应力波对破碎岩石的影响

冲击器所产生的冲击力，是以应力波形式经砧子、岩芯管、钻头传递给岩石，最终达到碎岩的目的。这种应力波对于冲击能量的传递效率和破碎岩石效果有重要的影响。

不同的活塞形状和不同的撞击面接触条件，都能产生不同的入射波形。当入射波呈矩形时，理论最大凿入效率可达 0.81。缓和的入射波形比陡起的入射波形有较高的凿入效率（指最优匹配时），这是由于凿入开始时不需要很大的力，随着刃具侵深增加，需要的力增大。陡起急下的波形，当其需要出大力的时候却已经衰竭了；而较缓和的波形去蕴有后劲，能在需要的时候付出力量。过分缓和以及波幅低到不足以破碎岩石的，碎岩效果则是极低的。

改变入射波的形状，除了调整活塞的形状和断面面积之外，还可以用调整撞击面的接触条件来达到。全断面一起接触时，入射波的上升阶段陡而急；若

撞击面有局部，则波形上升缓和，同时下降也缓和，波的幅度较低而作用时间较长。

三、钻进规程参数

主要钻进参数有轴向压力（钻压）、转速、水量。

1. 轴向压力

在冲击—回转钻进时，切削刃是在轴向压力作用下，并经受周期性冲击作用而破碎岩石的。也就是说，在切刃上既作用着轴向压力（静载），又作用着冲击力（动载）。

当用硬质合金冲击—回转钻进时，轴压力对回次长度的影响，如图 4 - 24 所示。由图可知，各类岩石有类似的变化趋势。轴向压力在 250～350kg 时，回次长度稍有所增加。若轴压继续增加，则呈下降而渐趋平缓。

轴向压力对不同岩石有不同的影响，如图 4 - 25 所示。对多数岩石，随着轴向压力的增加，机械钻速也有提高；对砂岩来说，随轴向压力的增加钻速几乎不变；而对于钠长石—绿泥石类岩石，则处于两者之间。

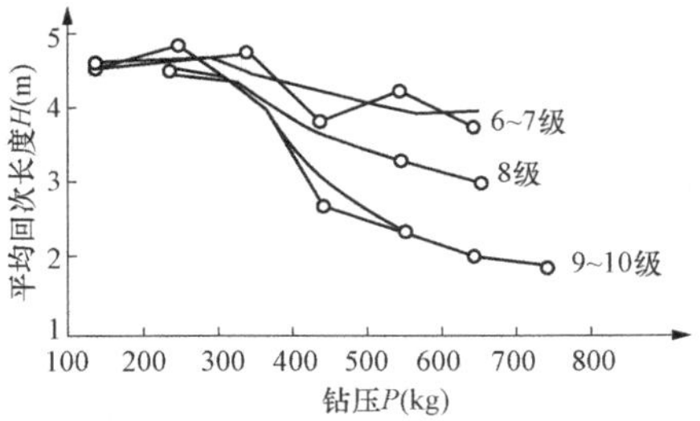

图 4 - 24　轴压力与回次长度关系

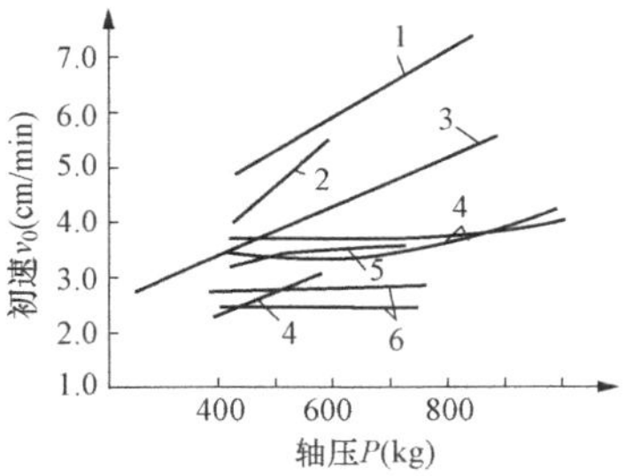

图 4 - 25　钻压对不同岩石的影响

1—正长岩；2—钠长石岩；3—片麻岩；4—页岩；5—钠长石—绿泥石类岩石；6—砂岩

如：在 ϕ59 的常规钻进中，轴向压力常选用：硬岩为 400～600kg；钻进 5～6 级软岩（如泥页岩、粉砂岩、弱灰岩等）时，为 800～1000kg。

2. 转速

在硬质合金冲击—回转钻进时，常选用较低的转速，这是为了降低切削刃的磨损和增加回次长度。若增加转速，在冲击频率不变的情况下，就增加二次冲击的间距，增大切刃的切削行程。因此，一般采用低转速（40～60r/min）。

实际上，影响转速选择的主要因素是岩石性质。对硬岩或强研磨性岩石，破碎岩石主要靠冲击作用，转速一般为 30～45r/min。转速过高会使切削刃早期磨损，对于裂隙发育的岩层和软塑性岩层，转速可高达 120～170r/min，以充分发挥切削碎岩的作用。

3. 水量

水泵的送水量是液动冲击回转钻进的一个重要参数。因为水量不仅影响洗井的质量，而且直接影响冲击器的工作性能—冲击功和冲击频率，从而影响钻进效率。例如 SC-89 型射流式冲击器，当水量由 200L/min 增至 320 L/min 时，则冲击功由 32J 增至 80J，而频率从 650 次/min 增至 1200 次/min，并且呈线性增长。又如对 Γ—3A 型冲击器，当水量从 260 L/min 至 320 L/min，冲击功由 55J 增至 70J，冲击频率从 1320 次/min 增至 1450 次/min。

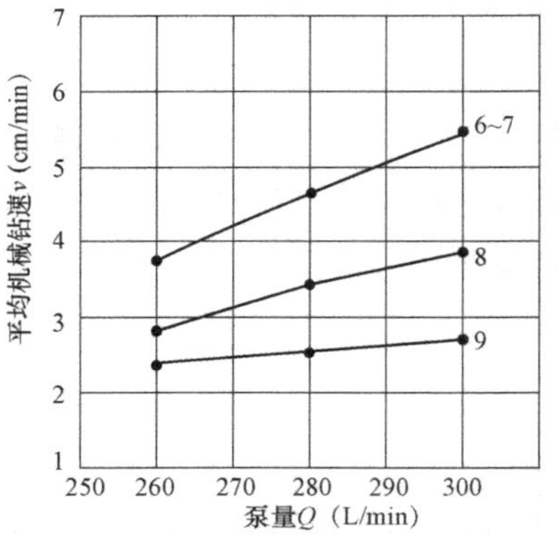

图 4-26　水量与平均机械钻速的关系

水量对机械钻速的影响如图 4-26 所示。在实际工作中，只要地层允许，水泵能力又足够，钻孔环状间隙所产生流阻又不大时，选择的水量应满足冲击器所需的水量。一般情况下，硬质合金冲击—回转钻进（孔径 76～91mm）时选 160～200L/min，金刚石冲击一回转钻进（孔径 56mm）时选为 60～80 L/min，个别可达 100L/min。若由于水量加大产生流阻大，为了减少流阻压力，可在岩芯管上部设置孔底流量分流装置，或采用减阻剂泥浆。

水量对冲击器工作的影响，难以简单测定。当钻孔延深后，循环冲洗液的压力增加，使钻杆接头处会产生泄漏，环状间隙太小时大流量会使冲击器背压增大。此时，冲击器的冲击功和冲击频率都要受到影响，且与地表标定值差异较大。此外，孔壁岩层的裂隙、渗漏，孔壁光滑程度、孔底岩粉积存量等，也影响冲击器的工作性能。

液动冲击器采用不同的动力介质（如清水、乳化液、泥浆等），都会对它的工作性能产生不同的影响。在可能的条件下，尽量采用低比重的清水、低固相泥浆或无固相泥浆作冲洗介质，以使其流阻减小。另外，在循环系统中，应设置除砂净化设备。

思考题

1. 简述冲击—回转钻进效率提高的原因。
2. 简述风动冲击—回转钻进中影响清渣效果的因素有哪些。
3. 试说出液动冲击器的类型。
4. 试说出影响冲击—回转钻进主要参数有哪些。

实训题

1. 现场采用风动冲击—回转钻进工艺进行钻进操作。
2. 根据地层条件，选择合适的液动冲击钻具并进行钻进操作。
3. 现场拆卸并安装无阀潜孔锤。

第五章　其他钻进工艺方法

第一节　反循环钻进

一、概述

反循环钻进是指循环介质从钻杆与孔壁1间的环状间隙进入孔内，而从钻杆内回孔口的一种钻进工艺。由于它与传统的循环路线（从钻杆内进入孔内，从环状间隙返回孔口）相反，故称“反循环”，也称“逆循环”。

1. 反循环钻进的特点

（1）反循环钻进钻杆内孔截向比钻杆与孔壁间的环状截面小得多，因比，钻进中冲洗液上升速度很高。据计算，当钻孔直径为500mm时，采用反循环钻进，钻杆内冲洗液上升速度很容易达到2m/s，而采用正循环钻进，用BW-600/30型泥浆泵，其冲洗液上返速度仅有0.053m/s。由于冲洗液上返速度高，钻进时排粉能力强，孔底干净，避免重复破碎，因而提高了钻进效率。成本低，特别是当钻孔直径增大时，钻进费用增加得很少。

（2）反循环钻进。岩芯和钻下来的岩粉，由钻杆内孔返回地面，因此要求钻杆内孔要大，一般多采用内径150～200mm的钻杆，以通过较大的卵砾石。当地层有大卵砾石时，必须采取措施以防循环回路堵塞，使钻杆中断。

（3）反循环钻进时，孔内经常保持较高的水位，故可利用高水位的静压力与地层压力平衡，保持孔壁稳定。采用反循环钻进在一般地层中均可采用清水钻进，从而降低成水，提高钻孔质量。

（4）反循环钻进是一种连续取芯的钻进方法，钻头使用寿命长，起、下钻次数少。与正循环钻进相比，减少了辅助时间，降低了劳动强度。

（5）反循环钻进孔内水位高，静压力大，在钻进中冲洗液有一定的漏失，因此钻进时不断向孔内注水，钻进用水量大，必须有充足的水源和专门的供水措施，以保证钻进工作顺利进行。

2. 反循环钻进的分类

反循环钻进按照产生冲洗液上升流动的方式不同可分为泵吸反循环、气举反循环和射流反循环。不同反循环钻进方式，随着钻孔深度的变化，钻进效率也有所不同。在选择反循环钻进方式时，应根据孔深、水位等情况进行合理的选择，为了提高钻进效率，有时也采用两种方式相结合的复合式反循环钻进。

二、小口径反循环钻进

小口径钻进方法可分为两种，一种为反循环连续取芯钻进，另一种为反循环连续取样钻进。这两种方法都要采用双壁钻杆，驱动力都为水泵或空压机的压力。反循环连续取芯钻进多采用清水或稀泥浆作为循环介质，取出的是一段一段的岩芯。反循环连续取样钻进采用的冲洗介质多为空气或充气泥浆，取出的是破碎较粗的颗粒。

反循环连续取芯（取样）钻进就是在不提钻的情况下，利用冲洗液反循环液流在钻杆柱内的上升力，将岩芯连续不断地从孔底输送到地表，经过缓慢弯曲的导管进入到岩芯收集箱中。

反循环连续取芯（取样）是一种比较完善的取芯方法，这不但能够取得100％的岩芯，而且是在边钻进，边取芯，能够准确地控制地层的埋藏深度，换层界限清楚，可以随时了解孔底岩性的变化，及时指导钻探施工。由于岩芯形成后不久就被冲洗液携至地表，岩芯在孔底停留时间短，受到破坏程度小，完整度、纯洁性和代表性都较好。实践证明，反循环连续取芯（取样）不但能够采上完整、坚硬的岩芯，而且能采上破碎、松散的岩芯。由于钻杆柱与孔壁间隙小，这种方法可以用于坍塌地层。

第二节　受控定向钻进

受控定向钻进是为了地下特殊工程的需要，每一个钻孔，都必须按设计的要求，准确地钻到预计的空间位置。一般采用人工造斜工具进行人工定向钻进，控制钻孔轴线按设计轨迹钻达预定目标，是受控定向钻进的主要任务。

一、定向钻进优点和应用范围

1. 定向钻进优点

定向钻进的优点在于能够节省钻探进尺，较好地保证钻探质量和满足各种特殊工程需要。

2. 定向钻进的应用范围

定向钻进的应用范围主要有以下几个方面：

（1）由于地面情况限制而使用定向钻进。

（2）由于地质条件要求而使用定向钻进。

（3）由于工程技术需要而使用定向钻进。

二、定向钻孔的分类

1. 初级定向钻孔

采用常规钻具并利用地层和工艺造斜规律，通过移动孔位，改变开孔顶角，扭转开孔方位角等方法，钻达目的层位的钻孔称为初级定向钻孔。必要时，在钻进过程中辅以少量的增斜或减斜技术措施。

2. 受控定向钻孔

单纯采用人工造斜手段或综合利用人工造斜手段与地层造斜规律，钻达目的层位的钻孔称为受控定向钻孔。自然造斜与人工造斜，可在某一孔段同时使用，也可在不同孔段分别使用。

按孔身轨迹的不同可分为平面弯曲定向钻孔和空间弯曲定向钻孔。

按钻孔结构形态可分为单孔底定向钻孔和多孔底定向钻孔。

三、定向钻进工具

实现定向钻进，除利用自然弯曲规律以外，还常常采用各种技术手段。这些技术手段工作的实质在于人为地使钻具轴线与钻孔轴线一致，保持原来钻孔的方向；或者人为地使钻具轴线偏离钻孔轴线，改变原来钻孔的顶角和方位角。

1. 钻具组合

在常规钻具上适当增加一些部件，如扶正器（又称定中器或稳定器）、万向节、钻铤、支撑接头等，就可以起到增斜、减斜或保直的作用。使用钻具组合进行定向钻进时，操作方便，一般孔径不变，孔身平滑，无须花费专门时间完成定向及造斜工序，机械钻速也不明显下降。

（1）保直钻具（又称稳斜钻具）组合。这类钻具组合供打定向孔直线段使用。它借助于扶正器稳斜，其工作原理与防斜用的满眼钻具相同。其要点是“以满保直”“以刚保直”和“以快保满”。关键在于粗径钻具的刚性应尽量好，孔壁间隙尽量小，钻进速度尽量快，以免孔径扩大。另外，冲击回转钻具由于轴压小和钻速高，在一定程度上可以起到保直的作用。

（2）增斜钻具组合。这类钻具组合可用于倾斜钻孔，以增大钻孔顶角。如果钻孔已经存在自然弯曲趋向，则其使用效果更好。增斜的幅度决定于钻具在孔底的偏倒角。为此，常用大钻头和短粗径组成的塔式钻具或带万向节的增斜钻具。

（3）减斜钻具组合。这类钻具组合主要是利用悬锤原理、偏重原理，使钻具在重力作用下趋于垂或钻具旋转时产生一种断续的向下帮的离心力，造成孔身下垂。常用的减斜钻具组合有钟摆钻具和偏重钻铤。

2. 偏心楔

偏心楔又称偏斜楔或造斜楔，其结构简单，加工方便。可分为固定式和可取式。前者只使用一次，后者可使用多次。从楔子顶部的结构来看，偏心楔分开口式和闭口式。开口式不带导向管，而闭口式则带导向管，有时导向管甚至接到孔口。闭口式偏心楔常用于减径造斜。

偏心楔的主要参数是楔顶角和导斜槽直径。楔顶角不宜过大，一般在3°左右。岩石可钻性级别越高，楔顶角应越小，否则侧钻困难。导斜槽直径应比导斜钻头直径大1～3mm。

偏心楔由圆钢铣制、钢材浇铸或套管切制而成。钢制实体偏心楔常用于硬岩，管材加工的偏心楔常用于软岩。

偏心楔下到孔内时，用卡瓦固紧、水泥或化学浆液固结、涨体固定等方法，使其在造斜点定位。

（1）固定式偏心楔。该型偏心楔由上部实心楔体和下部固紧装置组成。特点是有两级卡固防转机构，楔面耐磨，固定可靠。楔体用销钉与弯钻杆弯端连接，弯钻杆上端连接定向接头，再连接钻杆。典型结构如图5-1所示。

用钻杆将楔子下到离孔底0.5m处，定向后再下到孔底或架桥孔塞上，通过钻杆加压，偏心楔上、下涨体同时沿锥体下移，并撑开与孔壁固紧，继续加压，剪断弯钻杆与楔体之间的销钉，钻杆即可提出地表，而偏心楔留在了

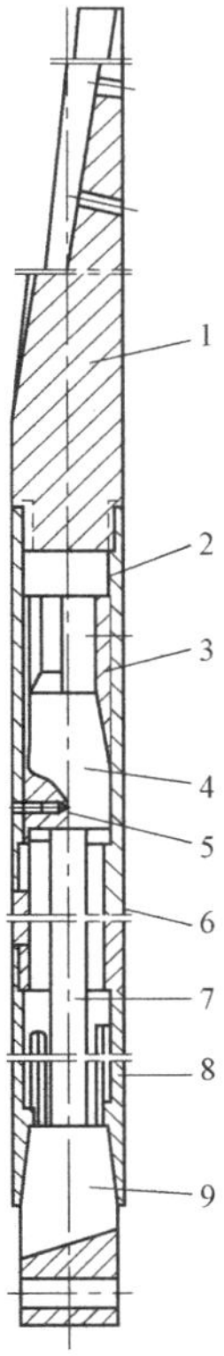

图5-1　JGX型固定式偏心楔

1—楔体；2—上涨体；3—锥块；4—上锥体；5—固定螺钉；6—连接管；7—边杆；8—下涨体；9—下锥体

孔内。

（2）可取式偏心楔。该型偏心楔典型结构型式如图 5 - 2 所示。楔体用直径 55mm 无缝钢管制作。楔筒上端加工了内螺纹，最上端有内锥度，以备回收偏心楔。楔筒上部还有两个 ϕ6mm 的小孔，以便与定向器连接。楔面用直径 53mm 绳索取芯钻杆为材料。楔体底部是燕尾滑块式固定装置。固定弹头上加工成 3 个与轴线成 8°的燕尾槽，3 个燕尾滑块上端焊有硬质合金，以增加其与孔壁的结合力和本身的耐磨性。

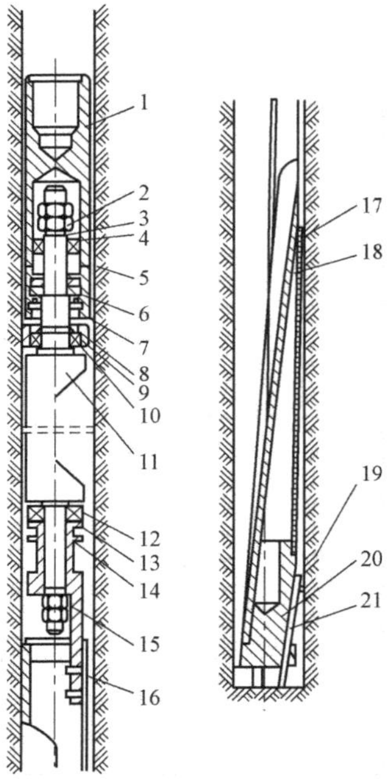

图 5 - 2　PK - 56（59）可取式偏心楔

1—上接头；2—螺帽；3—垫圈；4、12—向心轴承；5—轴挡；6—双向推力轴承；7—轴承壳体；8、13—轴承外套；9—挡圈；10—向心轴承；11—偏重体；14—定向盘；15—螺帽；16—螺钉；17—偏心楔面；18—偏心楔筒；19—硬质合金；20—固定弹头；21—燕尾滑块

3. 机械连续造斜器

此种连续造斜器又称无楔体连续造斜器，是一种较新的造斜工具。它利用专门机构产生偏斜力实现定向造斜。造斜周期是从下钻开始，到由于钻头磨损需要更换或由于某些不正常情况要求提钻检查为止。该造斜器是同径造斜，一次成孔。造斜后孔身呈平滑曲线状，无“狗腿”急弯。

机械式连续造斜器通常由导向（定子）和造斜（转子）两部分组成。工作时造斜部分不断回转，而导向部分则一面定位于某一方向，不产生角位移，以保证造斜部分朝预定的方向前进；另一面又与造斜部分一起沿钻孔轴线向下滑移。造斜部分回转时，由于摩擦所产生的扭转力矩，往往有使导向部分偏转的趋势。如果支撑卡固体卡固力不足，则定子可能扭转易位。

4. 孔底动力机造斜钻具

孔底动力机造斜钻具即孔底动力机与造斜件组合在一起的钻具，是实现受控定向钻进的理想工具。

孔底动力机有涡轮钻、螺杆钻和电钻三类。孔底动力机优点如下：

（1）充分利用功率，有利于发挥钻头的切削性能。

（2）钻杆不转动，可以减少钻杆的磨损和折断，以及钻杆碰撞孔壁的坍塌掉块卡钻事故。

（3）用孔底动力机配合专门造斜件进行人工造斜，可以实行随钻测量，精确控制钻进方向。

（4）造斜结构简单、使用方便。

（5）用孔底动力机造斜钻具打定向孔，孔身平滑，造斜时孔径不减。

涡轮钻用泥将直接驱动，与电钻相比，不需要特殊的电气系统，但泥浆比重不能大于 1.7～1.8。转速高使钻头过早磨损，在高钻压下工作不稳定，容易制动。

电钻工作性能不受泥浆参数变化的影响，可用高粘度和加重泥浆钻井，也能用于空气钻井，控制比较灵活，可利用直接来自孔底的信号，容易实现自动化。但电钻结构复杂、制造比较麻烦，特别是小口径电钻制造更为困难。另外，钢性钻杆连接、柔杆卷绕以及高转速钻进参数调节都存在问题。

螺杆钻是一种泥浆驱动的容积式马达，结构简单、易损件少、工作可靠、维修方便。它是地质定向钻探中最好的、用于人工造斜的孔底动力机。代表性的 YL 型液动螺杆钻具结构如图 5-3 所示。

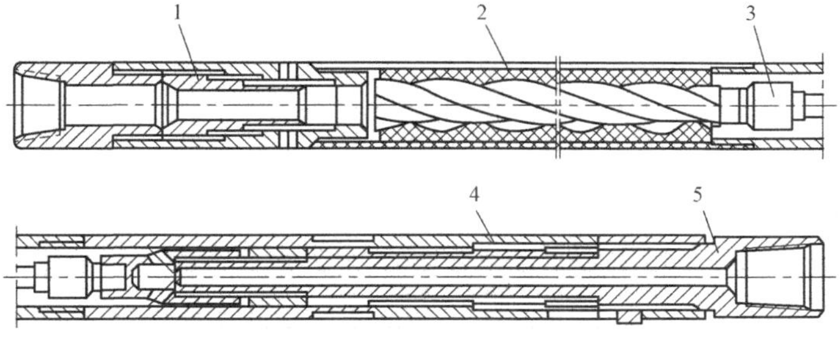

图 5-3　YL 型液动螺杆钻具结构图

1—旁通阀；2—螺杆马达；3—万向联轴节；4—轴承总成；5—传动轴

四、定向方法

1. 直接定向法

（1）地表直接定向法。

（2）孔内直接定向法。

这种方法是将单点罗盘照相测斜仪与斜口管鞋装置配合使用。

2. 间接定向法

（1）定位座定向。此法适用于顶角3°以上的钻孔中定向下人固定式偏心楔。

（2）偏重体定向。偏重体定向又称偏重自动定向。适用于顶角3°以上的钻孔。此种定向器一般用于给固定式偏心楔定向。

（3）定向仪定向。定向仪由孔内传感器和地面显示仪两部分组成。

定向仪既可用于偏心楔定向，又可用于连续造斜器和孔底动力机造斜钻具定向。

3. 随钻定向

随钻测斜定向系统分为两类：

一类是有线（有电缆）随钻测量系统，其井下仪器是磁性测斜仪或陀螺测斜仪，并且仪器本身可以连续测量或多点测量，同时把测量的数据变成电信号传到地面上来。这类仪器由于用电缆连接，密封等工艺比较复杂。

另一类是无线（无电缆）随钻测量系统。这类系统在钻进过程中不用电缆就可把测得的数据发送到地面上来。

五、定向钻孔的施工

定向钻孔施工中，多孔底钻孔施工比较复杂。

一般单孔底定向钻孔施工所采取的工艺措施，在多孔底分枝孔施工中都必须采用。因此，以下介绍多孔底定向钻孔的施工工艺。

1. “从下往上”施工定向钻孔

主孔尽量按普通方法设计和施工，不设计专门的造斜孔段。一般选用垂直角度或小顶角开孔，而后利用地层自然造斜规律钻进，能够达到设计目的。如果在施工中孔身偏离设计轨迹，有可能达不到地质要求的靶区时，可采用连续造斜器或其他人工措施纠斜。

分枝孔施工可分两种情况：一种是分岔点处岩石坚硬，采用下楔分岔；另一种是分岔点处岩石为中硬，则采用不下偏心楔而直接分岔，这样可大大简化打分枝孔的工序。

一般施工工序如下：

（1）“架桥”建立人工孔底。常用的“架桥”方法有两种：一种是下木塞堵孔，然后填以碎石或灌注水泥等胶结材料，建立“水泥桥”；另一种是下金属塞，建立“金属桥”，不下楔分岔时，多采用“水泥桥”。

（2）定向下连续造斜器或定向下楔，这是关键的工序，定向准确与否直接关系到分枝孔的延伸方向。不下楔分岔时，将组合好的造斜钻具下到预定孔深处，用定向仪给弯接头母线定向，确认定向正确，拧紧抗反扭矩器的螺钉后，即可开泵钻进。下楔分岔时，用接有定向接头的钻杆，将偏心楔下到预定位置，在顶角小于3°的钻孔和垂直孔中可用KDJ-1磁性定向仪等定向，在顶角大于3°的钻孔中可用其他定向仪定向。不下楔分岔时，给连续造斜器定向后，即转入造斜钻进；下楔分岔时，还须进行打导向眼、扩孔、扫“狗腿”、导斜延伸钻进等补充工序。

（3）沿楔面分岔的补充工序。

1）打导向眼：在5级以上岩层，特别是在硬岩层，沿楔面分岔打分枝孔时，一般要两次完成。先打小一级导向孔至楔面以下1m左右，再扩孔到钻孔全尺寸。打导向眼的钻头应呈锥形。5～7级岩石可用锥形硬质合金钻头，7级以上岩石则用锥形金刚石钻头。打导向眼的钻具，应连接万向节或连接小一级的柔性较好的钻杆。粗径部分长1.1m左右，可随钻进逐渐加长。钻进时，压力不要大，转速要低，泵量可大些。

2）扩孔：沿楔面扩孔可采用厚壁金刚石钻头或不取芯金刚石钻头、牙轮钻头或不取芯硬质合金钻头。钻具组成为导向杆—厚壁钻头—特制接头—岩芯管（小一级）—接头—万向节（或柔性钻杆）。粗径长度为1.1m左右，可以随钻进逐渐加长。钻进时，仍用小压力、慢转速和大泵量。如果岩石不硬，沿楔面打导向眼和扩孔工序可以合二为一。

3）扫“狗腿”：沿楔面扩孔钻进后，与偏心楔顶部相对的一侧形成狗腿状急弯，及时修整孔壁和将“狗腿”扫掉，以利分枝孔钻进。在中硬岩层中，修整孔壁和扫“狗腿”，可以采用“狼牙棒”式组合钻具。在硬岩层中，修整孔壁和扫“狗腿”，可采用带上、下金刚石扩孔器的组合钻具。

4）导斜延伸钻进：用逐渐加长的短粗径钻具（1m、1.5m、2m）过楔面延伸钻进10m左右测斜。视岩层情况的不同，可采用不取芯金刚石钻头、牙轮钻头或不取芯硬质合金钻头，也可采用取芯金刚石钻头或取芯硬质合金钻头。延伸钻进结束后，可用长粗径钻具试探能否通过，如无法通过或通过时阻力较大，还需补充扫“狗腿”和修整孔壁。

（4）造斜钻进。用螺杆钻造斜钻进时，确信定向准确后，即开泵钻进。钻进中严禁提动钻具，钻速应控制在0.5m/h左右，钻进时，随时观察返到地表的岩粉情况。

（5）稳斜钻进或自然造斜钻进。造斜钻进达到预计要求，用长粗径能通过人工弯曲孔段后，即可用稳斜钻具或普通钻具继续钻进。只有在钻进中发生钻孔方向偏离设计轨迹较大，影响中靶精度或可能脱靶时，才考虑用组合钻具或连续造斜器纠正。

2. “从上往下”施工定向钻孔

“从上往下”施工定向钻孔有下偏心楔与不下偏心楔两种方法。

不下偏心楔的施工工序如下：

（1）在分岔点导直钻进。由于分岔点一般选在主孔急剧人工弯曲的起始部位，分枝孔开孔时可用4.5～5m长、刚性好的粗径导直钻具。开孔时应采取较小压力，使钻头能全直径地进入岩石，形成新孔。分枝孔开孔直径小于主孔直径，有利于导直分岔。

（2）保直钻进。用加长粗径钻具导直钻进5～10m后，即可改用常规钻具。为使分枝孔开孔后在较长的地段能保持其直度，可采用液动冲击器钻进，以取得较好的稳斜效果。

（3）造料钻进。稳斜钻进到设计深度后，根据要求可采用连续造斜器或螺杆钻造斜钻具进行定向造斜钻进。

（4）稳斜钻进或自然造斜钻进。该工序与“从下往上”施工多孔底孔的第5个工序相同。

第三节　特殊地层钻进

一、土层钻进

土层钻进一般都使用取芯的钻具，为了防止岩芯被冲洗液冲跑，并多采用干钻，有的为了进行物理力学性质试验，还要用原状取土器取出原状土样。鱼尾式、矛式等钻头，只能造孔，不能取样，无法研究上层性质及解决分层问题，因此，除特殊情况外，一般均不使用。

土层钻进有冲击钻进、回转钻进方法。

1. 冲击钻进

冲击钻进分人力冲击与机械冲击两种。人力冲击主要指“洛阳铲”和锥探两种轻便钻探方法。由于人力的力量有限，故口径小、深度浅，利用机械冲击的，即类似不带阀门的管钻，力量大，口径及深度也大。可以根据钻孔的目的、要求及具体情况选择使用。

（1）洛阳铲钻进。洛阳铲是我国古代探明表土地质一种有效工具，曾因使用在洛阳一带，故称为洛阳铲。全套钻具只有几公斤，可以随身携带，由一人单独操作，对钻进一般黏性土层很适用。洛阳铲钻进是借助洛阳铲的重力冲入土中，可以采取扰动的土样，冲进深度一般为 10m，其形状如图 5-4、图 5-5 所示。

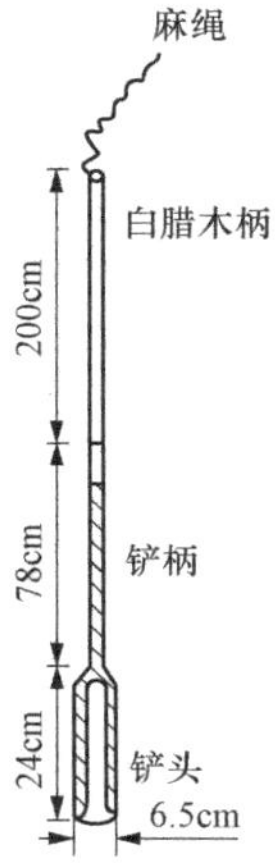

图 5-4　洛阳铲

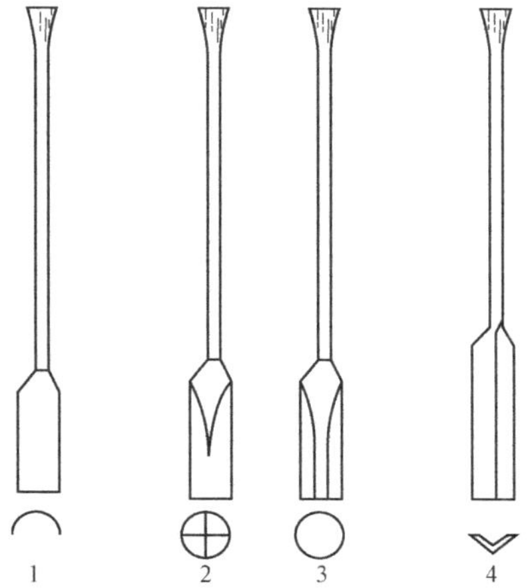

图 5-5　几种不同用途洛阳铲示意图

1—弧形铲；2、3—圆铲；4—掌形铲

（2）锥探钻进。锥探是用锥具向下冲入土中，锥具由锥头、锥杆、接头和手扶把四部分组成，如图 5-6 所示。锥头和锥杆尺寸如图 5-7 所示。锥杆每根长 2～4m，两端旋有丝扣，锥头和锥杆，锥杆和锥杆接头处用接箍联结。

（3）无阀管钻钻进。无阀冲击管钻，如图 5-8 所示。它是利用钻机的升降机进行工作，提取力量大、钻具重、口径大，可以在土层中打较深的钻孔。在黏土或含砂量较多的土层里，钻进取样都较好。钻头与管靴近似，底部作成切削刃口并淬火，刃口角度不宜太大，一般为 15°～20°左右。钻头外径要比岩芯管大 4～6mm，目的是使孔径大一些，以便钻进时冲击和提拔顺利。

开孔时，先以钻机回转钻孔，保证开孔垂直，为管钻冲击打好基础。每次冲击进度，在黏土层中以 0.2～0.25m、在砂质土层中以 0.3～0.4m 为宜。一次进尺过多，往往会造成提起困难，反而影响工作效率。取原状土，则只能冲击一次，以免影响取样质量。

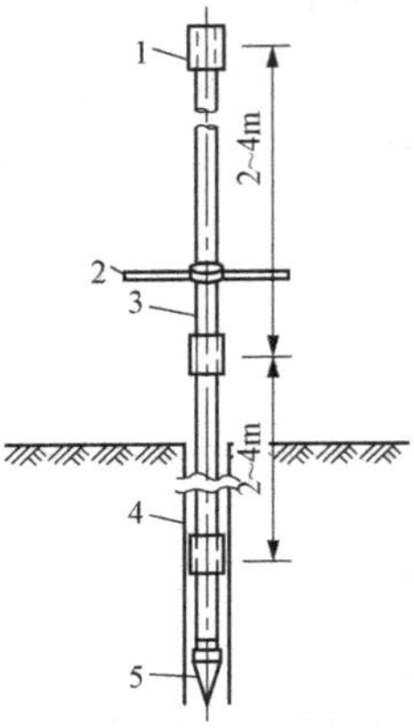

图 5-6 锥探钻进

1—接头；2—手扶把；3—锥杆；4—锥孔；5—锥头

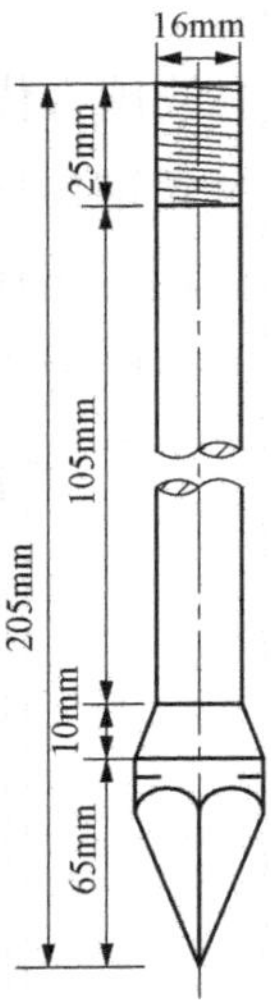

图 5-7 锥头、锥杆尺寸图

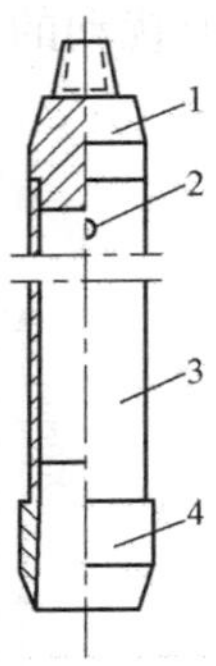

图 5-8 无阀管钻

1—异径接头；2—出水孔；3—岩芯管；4—钻头

2. 回转钻进

在地下水水位以上的黏土、粉土、人工填土和不易塌孔的砂土等地层中，采用肋骨式硬质合金钻头单管钻具回转干法钻进。在地下水水位以下的土层中，可采用单管钻具回转干法钻进，也可采冲洗液循环钻进。在淤泥层，可采用肋骨式硬质合金钻头单钻具钻进，浓泥浆循环，干钻法取芯，也可采用双动双管钻具硬质合金活阀钻头钻进。

二、细砂层钻进

细砂层的特点是结构疏松，经常含水，孔壁不稳定，易产生坍塌、流砂、涌升现象。针对上述特点，钻进时应配备双套钻具，避免停钻，力求缩短辅助时间，争取迅速地一次钻穿砂层，立即下入套管。

细砂层钻进，应根据不同目的和要求，选择钻进方法。为防止孔壁坍塌，不宜使用清水冲洗液。若只为了钻穿砂层而无其他要求，可用水冲跟管法钻进；在不需要搜集水文地质资料的孔段，可采用泥浆作业法；在需要搜集水文地质资料的孔段，则应选用管钻冲击法钻进，以保证钻探质量。

1. 水冲跟管法钻进

在特别松散的含水流砂层，采用高比重泥浆和泥球钻进无效时，可采用水冲跟管法钻进。在套管内下入鱼尾钻头或在钻杆底部锯成齿状，送高压水进行扫孔，上下窜动钻具，边冲边跟进套管。在孔口搜集砂样，注意分段地接取样品，不得整个地混在一起。如套管内砂子冲不净，则下入捞砂筒捞尽。在冲洗套管内流砂时，应把孔口周围堵塞严密，不使冲洗液漏到套管与孔壁间隙中。如果套管下不去，可用链钳转动或小吊锤轻击，也可将套管上下提动，然后再下，避免强力扭转。水冲跟管法，适用于较浅的流砂层，厚度也不能太大。

2. *泥浆护壁作业法*

一般流砂层虽含有土质，但胶结很差，比较松散。所用泥浆比重宜提高到1.2以上，黏度30s，以增加对孔壁的压力，防止流砂坍陷。如果使用泥浆还不能解决时，可向孔内投入掺有麻绳、马粪等纤维质材料的黏土球，用钻具来回搅动，使其产生保护孔壁的作用。

钻进时，可用合金钻头冲洗钻进，给进压力不要过大，转速不要过高，经常活动钻具，防止淤砂埋死。提钻前可停泵干钻0.2～0.3m，待钻头底部充塞岩芯后，再轻稳提钻，并要向孔内灌注泥浆，以保持对孔壁的压力，防止坍孔。为了保证泥浆质量，必须加强对泥浆的管理工作，定期检查泥浆性能指标，及时清除泥浆内的泥砂等。

3. *管钻冲击法钻进*

此法最大优点是能在最困难的涌砂层中，顺利地钻进并保证质量。在砂粒松散、孔隙度大、富含水量的流砂层中钻进，因水压作用，砂粒会随水流动塌陷到孔底。

在使用管钻冲击法后，由于升降钻具迅速，并采用人工加压注水的办法，使孔内水压平衡，地下水处于稳定状态，基本上可控制涌砂现象的发生。

管钻冲击法所用的钻具，一般是用球阀管钻和平阀管钻，如图5-9、图5-10所示。管钻长2.5～3.5m，上接钻杆或钢丝绳。钻进时，用人力或机械直接操纵管钻上下往复冲击孔底，冲程不能过大，一般为0.1～0.2m即可，在涌砂情况下，每次只能钻5～10cm。孔底的砂粒随着阀门的起闭，随水进入管钻。每回次钻0.5m左右，将管钻提出孔外，倒出砂样。

在孔口之上设置一长方形水槽，作为水源箱，其下端直接与钻孔通连。钻进时，保持水源箱内贮满清水。由于钻孔水面比地下水位高，故形成较高的人力水压，使地下水处于稳定状态，因此，孔内涌砂现象不易发生。如孔内冲洗液有漏失，可使用泥浆，则孔内形成的人工水压更大，对于保护孔壁，防止涌砂，比清水更为有效。

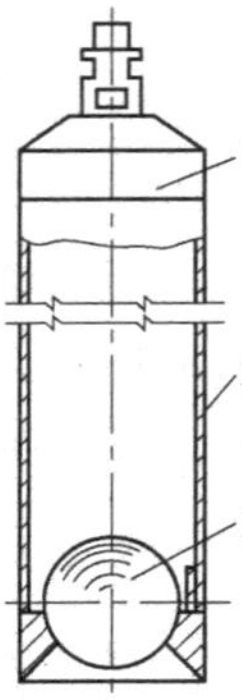

图 5-9　球阀管钻

1—异径接头；2—取样筒；3—球阀

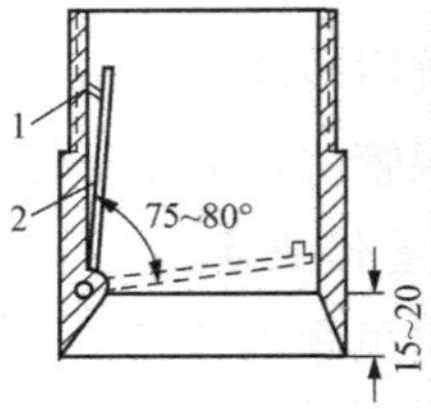

图 5-10　平阀管钻

1—控制钉；2—阀门

管钻冲击法也可用套管跟进的办法，在砂层下入套管，在套管中下入管钻进行捞砂，边钻边下套管，以套管加固孔壁保证钻进。

4. 水泥固结法

钻进严重流砂地层，提钻出现涌砂现象时，可采用此法。先开大水泵，借水流强力冲洗，使钻具插入砂层内，待下到预计深度后，随即用水泵从钻具内送入搅拌好的水泥，加大压力，使水泥挤入周围的砂层内。在送水泥的同时，慢慢将钻具提高，使水泥均匀压入砂层。所用钻具，只用钻杆即可。在钻杆底端连接一个钻杆接头，接头底部锯成齿状或镶焊几粒合金作为钻头。这种简单的细径钻具，钻进方便、阻力很小，灌水泥时，还可避免埋钻事故。

待松散砂层随水泥固结之后，便可用合金或鱼尾钻头钻进。如砂层很厚，应分段灌注水泥，分段钻进。

5. 勺形钻钻进法

在砂层里，因加水会漏失，无法造成冲洗液循环，因此不能采用管钻及冲砂取样，只可用勺形钻钻进，跟进套管。勺形钻钻进时，异径接头不能超出套管，以免埋钻。

三、膨胀性地层钻进

膨胀性地层如裂隙黏土、断层泥、泥灰岩、泥质页岩等，在钻进过程中，由于冲洗液的作用，引起膨胀、缩孔，过水间隙堵塞，产生糊钻、顶泵等现象。为了克服这种地层的钻进困难，必须保证钻孔维持原有孔径，而基本办法，就是使用优质泥浆。对泥浆的性能要求是，失水量越低越好，须达到在 30min 内不超过

$8cm^3$，黏度应保持在18～20s，比重1.1～1.5，含砂量小于4%。这样孔壁上的泥皮很薄，孔径也不致缩小，岩粉易于沉淀，可避免发生缩径和糊钻现象。

所使用的钻头，如不取芯时，可用鱼尾钻。岩芯管直径应较钻头直径小一级，孔壁间隙较大，可以保证冲洗液上升流动畅通，不致发生糊钻事故，并可减少辅助时间，提高钻进效率。如要求取芯，则宜用肋骨式钻头，可以加大孔壁的间隙，保证冲洗液迴流顺利，也可用六角形合金钻头，．钻头水口高不小于20mm，水槽宽6～8mm，钻头内壁增设水槽，以防憋泵。为防止糊钻，应加大泵量，提高转速，降低压力，多冲洗岩粉。回次进尺时间不宜过长。使用泥浆时，会产生稠度增大现象，故不应超过4s。

钻进中断时，应将钻具提离孔底1～2m，如停钻时间长，应将钻具全部提出孔外。

为使岩芯不被破坏，可用双层岩芯管，也可采用冲洗液反循环钻进及干钻等方法。如发现孔壁严重收缩或坍塌时，可随钻、随下套管加固孔壁。

四、块石、卵石、漂石层钻进

这类地层的特点是结构疏松、石块之间没有胶结，空隙中一般虽有砂、土、碎屑等充填，但仍然比较大。钻进中容易产生掉块、坍塌、冲洗液漏失、取不上岩芯等现象。

钻进方法应根据块石、卵石、漂石的粒径大小，颗粒成分及密实程度等具体情况决定。对于松散、粒径小于200mm的，可用一字钻头或十字钻头冲击将其击碎或挤开，然后用阀管钻提取。一般孔深在50m以内可以用人力冲击，50m以上用机械冲击。若紧密、均匀、颗粒较小时，可用回转钻进，采用锯齿状镶合金的钻头或钻头内铆钢丝的合金钻头，以利取芯。如较松散，钻进有困难时，可向孔内投入适量的黏土球，然后以冲击钻进，使黏土与卵、砾石黏合，再用勺钻或管钻将其取出。若石块较大可用钻粒钻进或采用孔内爆破。

孔壁加固方法，视地层疏松稳固程度而定。当地层比较稳固，孔壁掉块现象不太严重时，可采用泥浆泥球钻进。地层松散，孔壁掉块坍塌严重者，可下套管加固，用清水冲洗液钻进。若仍无效，也可采用跟管法边钻进边下套管，或灌注水泥和其他注浆剂加固。为使水泥浆顺利地进入孔隙和裂缝，应根据空隙大小，配制适当浓度的水泥浆，并加以适当压力。为使水泥浆迅速固结，减少停钻时间，最好采用快干水泥，或在水泥浆内加入快干剂，如水玻璃等。灌水泥浆的办法比较费时费事，且往往不能一次解决问题，须反复多次进行。钻进时的技术操作方面，应注意以下五点：

（1）钻进时孔内必须保持足够的水量。如孔内漏水，则应及时补给，或连续供水，如漏水严重，用高比重泥浆仍难奏效时，可灌注石灰泥浆封堵。石灰泥浆是以1∶5的食盐溶液3kg加入石灰1kg制成石灰乳，在$1m^3$泥浆中加入10kg左右石灰乳，搅拌1h即成。

（2）每次钻进之前，先向孔内投入黏土球，然后以冲击钻头钻进。孔底黏土球，在钻头冲击作用下，被挤入石块的空隙中，起胶结护壁和防止冲洗液漏失的作用。

（3）冲击钻进时，钻头每冲击一次，应将钻具向右转动15°～30°，以保证孔底岩石破碎均匀，钻孔保持圆形；每钻进0.5m左右，即将钻具提出孔外，并下捞砂筒，捞取孔内碎块岩屑。由于钻具往复起落，冲击孔底，所受压力很大，易于折断，故起下钻时，要严格检查钻具、接头等的磨损和弯曲情况。

（4）用回转钻进时，立轴卡盘顶丝须均匀上紧。换径钻进时，必须用原粗径钻具作导向，下接较短的新径钻具。为防止发生卡钻、埋钻事故，应不断加长粗径钻具，使其上部尽量地保特在套管内。钻粒钻进时，为使钻粒在孔底延长停留时间，泵量要小、转速要慢，以免振动卡钻拧坏钻具。

（5）用跟管钻进法，有同心和偏心跟管钻具两种，根据松散层的卵石的强度选择好跟管钻具和钻头。

思考题

1. 简述反循环钻进工艺的特点与原理。
2. 定向钻进钻具由哪些部件组成？
3. 砂层钻进有哪些钻进方法？

实训题

1. 现场装配并调试反循环钻具。
2. 现场装配定向钻进钻具。

第六章　钻孔冲洗液与护壁堵漏

第一节　钻孔冲洗液

一、钻孔冲洗液的功能

钻探过程中孔内使用的循环冲洗介质，也称钻孔冲洗液。它的主要功用是冷却钻头、清净孔底、带出岩屑，润滑钻具，停钻时悬浮岩屑、保护孔壁、防止坍塌，平衡地层压力、压住高压油气水层，以及用于输送岩芯，为孔底动力机传递破碎孔底岩石需用的动力等。

二、钻孔冲洗液的种类

钻孔冲洗液按组成成分不同分为清水冲洗液、泥浆冲洗液、无黏土相冲洗液、乳状液、泡沫以及压缩空气等。

（1）清水冲洗液。清水冲洗液是使用最早的冲洗液，无须处理，使用方便，钻速较高，适用于完整岩层和水源充足的地区钻探。

（2）泥浆冲洗液。泥浆冲洗液是优质黏土粉（如膨润土）分散在水（或油）中的胶体—悬浮体分散体系，它的性能可在较大的范围内调节，以适应不同岩层的需要。为此需往泥浆中加入无机、有机或高分子化学处理剂。泥浆主要用于松散、裂隙发育、易坍塌掉块，遇水膨胀、易剥落等孔壁不稳定岩层。钻进不稳定岩层时，不论是水敏岩层还是无胶结松散破碎层，采用泥浆钻探均可得到良好护壁效果。水基泥浆是泥浆的主体，种类多，常用的有细分散淡水泥浆、钙处理粗分散泥浆、盐水处理粗分散泥浆、不分散低固相聚合物泥浆和钾基强抑制性防塌泥浆等。油基泥浆是一种强抑制性泥浆，一般很少使用，只用于抑制黏性泥页岩等，对水敏性强的岩层使用效果较好。

（3）无黏土相冲洗液。也称无黏土相钻井液，是指含无机、有机和高分子化合物而不含黏土的钻井液。它的性能也可在一定范围内加以调节。无黏土相冲洗液的比重比泥浆小，利于提高钻速，随着技术的革新，在中等复杂程度的岩层和钻开油气、地热层运用越来越广泛。

（4）乳状液。有水包油和油包水两种。以水为外相、油为内相，用表面活性剂作乳化剂配制成稳定的乳状液叫水包油乳状液，它具有良好的润滑性，可减少钻具与孔壁间的摩擦阻力，广泛用于固体矿床金刚石钻探。以水为内相、油为外相，用表面活性剂作乳化剂配制成稳定的乳状液叫油包水乳状液，它的优点是不损害低压油层的渗透性，有利于保护油层，能防止泥页岩水化膨胀，井眼稳定能力强，防塌作用强，润滑性好，抗温能力高，井径规则，井眼扩大率低，防腐能力强。缺点是钻速低、成本高、环保处理难度大、影响电法测井、影响岩屑录井等，特别是害怕钻遇水层，水浸后，钻井液流变性明显变差，因此在选择该类钻井液作为欠平衡或近平衡钻井的钻井液时，一定要根据地层特性合理选择。

（5）泡沫。泡沫是利用表面活性剂作起泡剂，用空气配成稳定的、分散在水中的泡沫分散体系。比重低（小于1），携带和悬浮岩屑能力强。适用于漏失岩层、干旱缺水地区和低压油气、地热层等的钻探。

（6）压缩空气。采用压缩空气或高压天然气冲洗钻孔，有利于提高机械钻速。

三、钻探对冲洗液的要求

（1）冲洗液应有良好的冷却散热能力和良好的润滑性。

（2）泥浆应具有良好的剪切稀释作用和良好的护壁、防喷、防漏等作用。

（3）冲洗液能抗各种外界影响（如盐钙侵、黏土侵、温度影响等）。

（4）冲洗液质量要有利于取心、防止孔斜、使各种测井工作能顺利进行。

此外，还要求不腐蚀钻具、自身不发酵变质、不污染环境等。

第二节　泥　　浆

泥浆是黏土的微小颗粒在水中分散并与水混合形成的半胶体悬浮液。在胶体化学中，固体的黏土叫分散相或固相，水叫介质或液相。如果固相分散成分子、离子状，固相与液相间没有相界面存在的均匀体，叫真溶液，如食盐在水中溶化的溶液。如果在液相中分散的颗粒由许多分子组成，虽然颗粒很微小，但有相介面存在，这样的混合物叫胶体溶液，常用的各种胶水属于这一类。如果和胶体溶液差不多，但是有40%以上的固体颗粒都大于0.2μm（1μm＝0.001mm）的，叫半胶体或悬浮液，泥浆就属于这种半胶体的悬浮液。

黏土和水是组成泥浆的基本原料，而黏土是泥浆最主要的组成部分。黏土和水的质量，尤其是黏土质量对泥浆性能的变化及化学处理的效果均有直接的影响。

随着钻探工作的发展，泥浆的使用和研究也不断地发展，新的泥浆处理剂的出现与应用，使泥浆的类型也不断增加。对泥浆类型的划分尚无统一的规定，一般习惯是根据分散介质的不同来分类或根据分散相的分散程度等来分类。

一、细分散泥浆

这是泥浆发展初期广泛采用的泥浆类型。它是建立在黏土细颗粒稳定分散在水中这一基础上的，以水为分散介质，由黏土、水及化学处理剂组成，在岩芯钻探中广泛使用。

岩芯钻探中，最简单的泥浆配方是用纯碱或烧碱处理的泥浆。如膨润土造浆时，用碱处理

$$\text{Ca 土} + Na_2CO_3 \longrightarrow \text{Na 土} + CaCO_3$$

其中含盐量小于 1%；含钙小于 120ppm。这类泥浆的分散相分散度较高，适用于一般松散破碎地层。

许多细分散泥浆只加碱处理不能满足钻进要求的，必须进一步加入有机降失水剂、稀释分散剂或增黏剂等。

二、粗分散泥浆

粗分散泥浆是指黏土颗粒较粗的分散性泥浆。它是用无机絮凝的方法对黏土颗粒进行适度絮凝变粗，同时加入有机护胶剂维持分散的体系。钙处理泥浆和盐水泥浆就属于这一类型的泥浆。

钙处理泥浆：含 Ca^{2+} >120mg/L

1. 按其含钙量的高低又可分为：

（1）石灰泥浆：含 Ca^{2+} 120～200mg/L。

（2）石膏泥浆：含 Ca^{2+} >700～1000mg/L。

（3）氯化钙泥浆：含 Ca^{2+} 2000～4000mg/L。

（4）高氯化钙泥浆：含 Ca^{2+} 10^4mg/L 至饱和。

2. 盐水泥浆：含盐量<1%，按含盐量的高低又可分为：

（1）海水泥浆：含 NaCl $3.5\times10^4 \sim 4\times10^4$mg/L。

（2）中盐水泥浆：含 NaCl $4\times10^4\sim5\times10^4$mg/L。

（3）高盐水泥浆：含 NaCl $8\times10^4\sim10\times10^4$mg/L。

（4）饱和盐水泥浆：含 NaCl $30\times10^4\sim35\times10^4$mg/L。

盐水泥浆和钙处理泥浆的分散相的分散度均较细分散泥浆低，这类泥浆适用于水敏性溶胀和剥落地层。

这种类型的泥浆，是在钻井生产实践中逐步发展起来的。当用有机处理剂处理的淡水细分散泥浆钻进盐、钙侵地层时，发现泥浆性能并无变坏现象，仍能保持泥浆的稳定和分散。且这种类型的泥浆有抗盐、钙、黏土侵入的作用。逐渐发展到有意识地加入钙盐或钠盐于泥浆中，同时加入有机处理剂，形成粗分散泥浆。

三、不分散低固相泥浆

利用高分子絮凝剂，特别是有选择絮凝作用的絮凝剂来处理泥浆，使一些钻屑中无用固相颗粒（包括非膨润土）被絮凝成团，配合机械除砂、除泥方法将它们除去，不分散于泥浆中，并使泥浆保持低固相［黏土含量（重量比）小于10%，体积比（含固相）小于4%］时，称为不分散低固相泥浆。

不分散低固相泥浆，能在钻进中维持低固相，有利于提高钻速，也有利于小口径金刚钻进时提高转速。目前大力推广的聚丙烯酰胺是属于这一类型的泥浆。

四、其他类型泥浆

1. 乳化泥浆

根据内外相的性质，乳状液主要有两种类型，一类是油分散在水中，如牛奶、雪花膏等，简称为水包油型乳状液，用O/W表示；另一种是水分散在油中，如原油、香脂等，简称为油包水型乳状液，用W/O表示。

乳化泥浆包括水包油型乳化泥浆和油包水型反相乳化泥浆。

2. 泡沫泥浆

泡沫泥浆是在泥浆中充气，在强烈的搅拌过程中借助高效发泡剂和稳泡剂形成稳定的气泡与黏土颗粒同时分散在水中形成的多相分散体系，又称充气泥浆。常用的发泡剂是OP－10、卜二烷基苯磺酸钠，稳泡剂为CMC、水解聚丙烯腈等。泡沫泥浆是一种低密度泥浆，密度可降低至0.65～0.7mg/L左右，可用于裂隙破碎地层、轻微漏失、渗透漏失及低压油气层钻进。由于密度低、润滑性好，可提高钻进效率，特别对金刚石高转速钻进时更为有利。

3. 铁胶泥浆

铁胶泥浆是以氢氧化铁溶胶及其沉淀起主要作用的泥浆。铁胶泥浆以三氯化铁和栲胶碱液稀释剂为主要处理剂。

4. 地热井泥浆

地热井泥浆主要解决高温对泥浆影响问题。因为温度高时，许多泥浆处理剂会产生分解、降解、水化减弱和黏土的吸附能力变差、处理剂发酵变质等问题。

用抗温黏土或非膨润土造浆，用铁铝盐、铬腐殖酸、水解聚丙烯脂、烷基苯磺酸钠、司盘—80 等处理，配成低固相泥浆、含铬泥浆、油包水反相乳化泥浆、盐水或饱和盐水泥浆等。

第三节 钻孔护壁与泥浆护壁

一、钻孔护壁与堵漏

在工程钻探施工中，经常遇到松散破碎、裂隙溶洞、砂卵石层、滑坡堆积层、膨胀缩径与漏失涌水等复杂地层。孔壁受钻具的敲打、振动，冲洗液的冲刷，浸泡湿润等作用下发生坍塌掉块、回弹缩径等问题，因而钻进时孔内事故多，钻进效率低，钻孔质量差，钻探成本高，严重的会造成钻孔报废，给钻进造成很大困难。这种情况，不仅影响钻探施工的顺利进行，而且还要消耗大量人力、物力、财力和时间来进行处理。复杂地层的坍塌、漏失成为提高钻进效率、降低钻探成本的严重障碍。因此，有效地保护孔壁，防止坍塌和漏失，成为钻探生产必须解决的重大问题。

造成钻孔漏失的必要条件有两个：一是地层有漏失通道，二是地层压力和孔内压力不平衡。

漏失通道有孔隙、裂隙和洞穴三类，张开大小不一，厚度相差很大，有的伴随着坍塌超径，有的还有地下径流、暗流。

压力不平衡是孔内压力与地层压力有压差，即

$$\Delta P = P_{\mathrm{m}} + P_{\mathrm{a}} - P_{0} - P_{\mathrm{L}}$$

式中 P_{m}——静液柱压力；

P_{a}——环空动压；

P_{0}——地层压力；

P_L——漏失通道中流动阻力。

造成孔壁不稳的原因有：

1. 地质（岩层）因素

构造运动引起的岩层破碎、松散、水敏、水溶等。

2. 力学因素

地层深处岩层由上覆岩层重力及构造力引起的地应力，钻井液作用于孔壁的静压力、动压力及冲刷力。

3. 化学因素

钻井液及滤液与孔壁岩层相互作用发生的物理、化学作用。

护壁堵漏方法主要有泥浆护壁堵漏、水泥护壁堵漏、化学浆液护壁堵漏、惰性材料充填堵塞法、套管隔离法和其他方法。

二、泥浆护壁与堵漏

1. 泥浆护壁与堵漏

钻进复杂地层时，钻孔护壁与堵漏的根本措施是根据不同地层选用不同的泥浆类型。

（1）未胶结或胶结很差的第四纪松散覆盖层（包括松散砂层、砾石层、土层或其混合物），这类地层不稳定，钻进时最好是快速通过，然后下入套管封隔。因为钻裸眼时间短，泥浆的要求最简单。如果地层不漏失，采用普通泥浆即可，失水量无需严格控制；如果发现漏失，可提高黏度，降低比重。

（2）水敏性地层。这类地层包括两种类型：

1）吸水膨胀或分散型地层。这类地层吸水后发生体积膨胀，本身强度降低，严重时会引起缩径、坍塌，可以用高含盐度的泥浆、聚丙烯酰胺泥浆、K-聚合物泥浆或其他强抑制性泥浆得到有效解决。

2）遇水剥落地层。这类地层遇水并不膨胀，但由于组成不均一，沿节理面上的胶结物易于溶解，破坏了岩层的联结。钻进时要根据不同的破坏机理，采用不同的泥浆，如石膏泥浆，高钙离子浓度泥浆，各类含盐泥浆，含电解质泥浆。

（3）构造破碎带。这类地层孔壁易破坏或不稳定，可能出现坍塌、掉块、漏失和涌水等现象，可采用适当的防漏泥浆。

对破碎带的掉块，泥浆必须具有良好的造壁性，即失水量和泥饼厚度应小。要注意泥饼的质量。在漏水的情况下，适当提高泥浆的比重对井壁的稳定往往具有良好的效果，对涌水地层，应计算出压住该涌水层的必要的泥浆比重。

（4）易溶地层（包括岩盐、钾盐、石膏、天然碱等）。对这类地层可采用含有饱和量的相同盐类的泥浆或采用油基泥浆、油包水（水中含饱和量的相应盐类）、乳化泥浆来护壁进行钻进。

2. 水泥堵漏与护壁

水泥价格低廉，材料来源广，与岩石颗粒或裂隙层面胶结强度大，是一种应用时间久，效果良好的堵漏材料。在不同条件下，选用不同的浆液均能有效地胶结孔壁裂隙岩石，堵塞孔隙、裂隙岩层的漏失通道。

普通硅酸盐水泥是一种应用最广、强度较高、生产量最大的水泥，这类水泥包括普通硅酸盐水泥、矿渣硅酸盐水泥、火山灰质硅酸盐水泥等，其中以普通硅酸盐水泥应用最为普遍。

普通硅酸盐水泥与岩石颗粒表面有很好的胶结强度。在地质勘探工作中，利用水泥处理复杂地层较为严重的坍塌掉块和漏失地层效果较好，是一种成本低、材料来源广的护壁堵漏材料。各种水泥外加剂（减水剂、速凝剂、早强剂或缓凝剂）的陆续出现，水泥护壁堵漏的应用范围越来越广。

这种水泥是由石灰石和黏土在 1400～1500℃高温下煅烧所得，是在以硅酸钙为主要成分的熟料中加入适量石膏、水硬性活性混合料（火山灰或炼铁高炉炉渣）和非水硬性充填混合料（石英砂、石灰石等）后磨成细粉、制成的水硬性胶凝材料。

3. 化学浆液堵漏与护壁

化学浆液用于防渗堵漏的历史虽然不长，但不同程度地收到了很好的效果。

水利水电地质勘探用的化学浆液是一种以高分子聚合物为基体的、黏度低、流动性好、渗透性强的浆液，加入固化剂后经化学反应，渗入岩石裂隙胶凝固化后，能形成一种与周围岩石胶结性好、有一定机械强度的岩石塑料胶结体。广泛应用的品种类型有水玻璃（水玻璃—氯化钙、水玻璃—水泥浆—氯化钙、水玻璃—铝酸钠），丙烯胺类（丙凝、丙强等），聚胺脂类（氰凝、PM）和尿醛树脂等。

近几年来试用的氰凝、301 聚脂，成都勘测设计研究院研制的 SM 植物胶、随钻 801 等一些护壁堵漏材料等都在钻孔的护壁堵漏中取得了一定的成果。

4. 惰性材料充填堵塞法

水泥中加入一部分黏土，使水泥浆具有较强的触变性，称为胶质水泥，能显著降低析水现象，提高结石率，用来护壁不行，但可堵塞孔壁裂隙，防止水泥浆漏失。配制时，可在水泥中加入 15%以内的黏土（两种方法：均匀加入粉状黏土或用含量相等的泥浆直接配制）。

在钻进中，遇到较大的裂隙、溶洞等，要在灌注水泥浆前投入适量的惰性材料，如黏土球、水泥球、砂子、桐油石灰、纤维物质、碎石或矿渣，以充填过水通道，使破碎岩层相互黏结，防止坍塌，或充填堵塞裂隙、溶洞，以增加渗漏阻力，减少漏失，提高灌注效果。也可以在水泥浆中掺入岩粉、石英砂、粉煤灰等惰性材料，在其他浆液的配合下达到护壁与堵漏的目的。

5. 套管隔离法

钻进过程中，如遇到严重坍塌、超径、大溶洞、大裂隙、地下暗河等严重漏失地层，用其他方法控制无效时，必须下入套管或“飞管”（暗管或埋头套管），采取在套管底部止水的方法来护壁堵漏。利用套管护壁堵漏是一种有效、可靠的方法，但也有许多缺点：

（1）下入套管层数越多，钻孔结构越复杂。

（2）增加管材的消耗，在长期施工的钻孔中，由于钻杆与套管的摩擦，使套管壁磨薄甚至磨漏或折断。

（3）当套管未下牢时，容易发生套管脱落或折断等孔内事故，处理比较困难。

（4）地层严重坍塌时易发生埋管，导致拔管困难，甚至报废。

（5）地层较复杂且钻孔较深时，要下入多层套管，总长度超过孔深一倍以上时，拔管困难。

因此，在一般情况下，应尽量少用或不用套管护壁。

6. 其他方法

当水源不足、漏失层上部岩层稳定，可采用局部反循环，边堵边钻等办法。钻低压漏失层也可采用泡沫泥浆；在大裂隙岩层的漏失部位，进行孔内爆破，使裂隙变形、封闭，并采用适当的堵漏方法。

思考题

1. 钻孔冲洗液按其组成成分可分为哪些类型？这些类型各自有什么特点？
2. 钻孔对冲洗液有哪些要求？
3. 泥浆根据分散相的分散程度可分为哪几类？
4. 试说出钻孔漏失的两个必要条件。
5. 试写出 4 个以上钻孔护壁堵漏的方法。

实训题

1. 根据指定地层特性，现场选择配制一种钻孔泥浆冲洗液。
2. 根据要求，现场识别与选择不同冲洗液原材料。

第七章　钻孔的防斜和纠斜

第一节　测　斜　仪

测斜仪是一种用于测量钻孔、基坑、地基基础、墙体和坝体坡等工程构筑物的顶角、倾角、方位角的仪器。测斜仪分为便携式测斜仪和固定式测斜仪，便携式测斜仪分为便携式垂直测斜仪和便携式水平测斜仪，固定式分为单轴和双轴测斜仪，应用最广的是便携式测斜仪（KXP-1S测斜仪）。

一、测斜仪工作原理

测斜仪按其工作原理有伺服加速度式、电阻应变片式、差动电容式、钢弦式等多种。比较常用的是伺服加速度式、电阻应变片式两种，伺服加速度式测斜仪精度较高，用得较多。测斜仪的构造如图7-1所示。

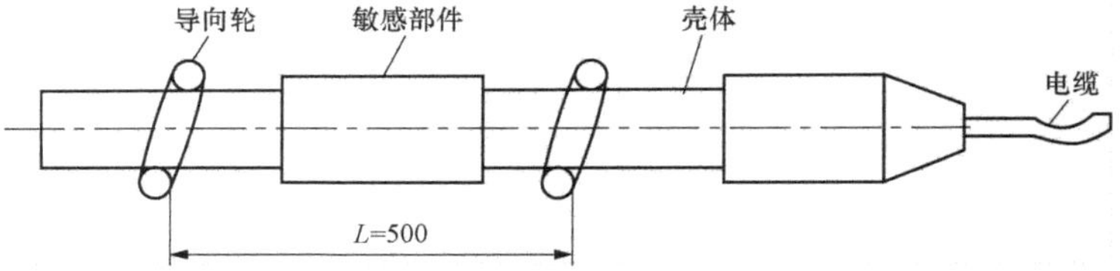

图7-1　测斜仪构造示意图

测斜仪上下各有一对滑轮，上下轮距500mm，其工作原理是利用重力摆锤始终保持铅直方向的性质，测得仪器中轴线与摆锤垂直线间的倾角，倾角的变化可由电信号转换而得，从而可以知道被测结构的位移变化值。

二、KXP-1S测斜仪

1. 概述

KXP-1S轻便数字测斜仪是一种新型的测量孔斜的数字化仪器设备，如图7-2所示，用于精度要求较高的垂直孔（孔）的测量，可广泛应用于工程、水文测孔以及油田、煤田、地质等测孔领域。

2. 主要技术指标

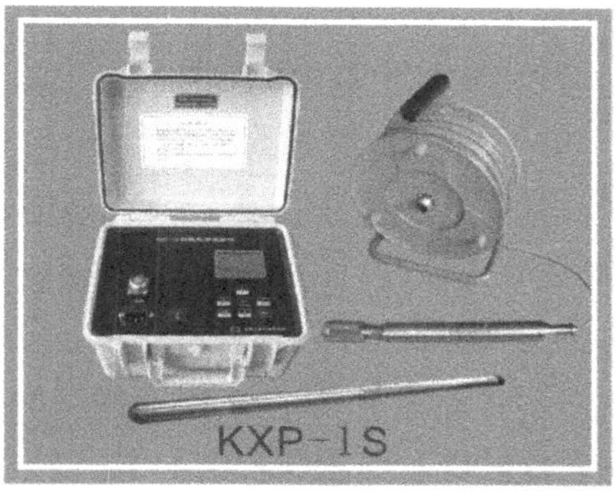

图 7-2　KXP-1S 轻便数字测斜仪

(1) 顶角测量范围：0°～30°；测量精度：±0.5°；分辨力：0.01。

(2) 方位测量范围：0°～360°；测量精度：±4°（顶角 3°～30°）。

(3) 测量方式：点测，直读。

(4) 测量点数：任意。

(5) 工作电源：交流 220V±10%；频率 50Hz±10%。

(6) 地面仪工作环境：温度：-10℃～+50℃；湿度：≤85%。

(7) 孔下仪工作环境：温度范围为 0℃～85℃；耐压：≤25MPa。

(8) 地面仪外形尺寸：(280×230×160) mm；重量：2.5kg。

(9) 孔下仪外形尺寸：ϕ40 ×1210mm；重量：6kg。

3. 工作原理

KXP-1S 轻便数字测斜仪可分为地面仪和孔下仪两大部分。

地面仪分为电源、孔下供电、仪器标定、信号解调、数据处理显示 5 部分；孔下仪分为倾角传感器、方位传感器、信号放大转换、数据预处理、调制发射器 5 部分。

4. 特点

与传统的指针式的测斜仪器相比较，该仪器有以下突出优点：

(1) 采用了国防仪器上选用的二维高精度倾角传感器（分辨精度可达 0.01 度），为测斜仪系统精度的提高奠定了良好基础。

(2) 采用三维的地磁场传感器进行数据合成，从而得到高精度的方位角。

(3) 孔下仪结构的优化（取消了重锤摆动部件），使得操作极为简便、省时，测量时，仪器到达测量点即可读值，并且仪器的抗振性能也有很大提高。

(4) 单片微处理器的应用使得信号的处理更加稳定可靠，孔下、地面之间的数字化传输，更加提高了仪器的抗干扰能力。

5. 仪器的使用

仪器的连接。仪器的连线非常方便：

(1) 电源：工作电源为 220V 单相电源，电源插头插好即可。

(2) 孔下仪连线：孔下仪连线为三芯线，通过电缆与孔下仪连接。

孔下仪连线：1 芯——电源供电、2 芯——地、3 芯——信号。

6. 仪器的操作

(1) 显示界面：显示界面的主菜单包括测量、校零、通信、标定四项功能。

(2) 显示亮度调整：开机后显示屏将显示“KXP－Ⅰ S 轻便测斜仪”，按“◀/SHIFT”，再按“▲”“▼”键将调整亮度，直到调节到合适为止，仪器将这一亮度状态保存，下次开机也为这一状态。

(3) 测量：分为合成角测量、分向角测量和数据测量三部分。

1) 合成角测量：这是最基本的测量显示界面，其中顶角规定：钻孔轴线（测斜仪轴线）与垂线之间的锐夹角为钻孔顶角（钻孔倾斜角）；方位角规定：钻孔轴线在水平面上的投影与自磁北极顺时针计量的夹角为钻孔方位角，并规定北为 0°、东为 90°、南为 180°、西为 270°进入测量界面，顶角、方位角直读即可。

2) 分向角测量：测量显示顶角传感器的两个矢量分向角，即分向角 X（0°～30°）和分向角 Y（0°～30°），也显示方位角（0°～360°）。顶角传感器的分向角 X 与分向角 Y 相互垂直。此功能一般在仪器维护、调试时使用。

3) 数据测量：测量显示顶角传感器的两个矢量分向角的数据、方位角传感器的三个分量数据。此功能一般在仪器维护、调试时使用。

(4) 定期标定：仪器标定后才可进行测量。此功能在需要时用于对仪器进行标定，仪器出厂前已做过标定。为了保持仪器测量精度，在仪器超差后要进行标定，有条件的可自行标定，或返回厂家进行标定。

7. 系统的维护与保养

(1) 开机工作前，先打开电缆接头保护帽，检查密封橡皮圈是否装好，再打开孔下仪器上的保护帽，检查密封圈橡皮上是否光洁、干净。

(2) 将孔下仪器与电缆接头牢靠连接后，方可接通交流 220V 供电电源。

(3) 仪器出厂前已进行了标定，可直接测孔斜，也可在测孔斜之前按照仪器标定步骤进行标定后再进行测斜。

(4) 测斜完成后，将仪器头上的密封面及电缆接头擦拭干净，盖上保护帽，将仪器外壳清洗干净。

第二节　孔斜的原因

一、孔斜的原因分析

孔斜产生的原因较多，归纳起来主要可分为两大类：一类是地质因素，一类是钻具因素。

二、地质因素

人们提出了许多理论来解释地质因素导致孔斜的原因。其中，最本质的是地层可钻性的不均匀性和地层的倾斜两个因素。这种地层可钻性的不均匀性表现在许多方面，再与地层倾斜相结合，导致孔眼倾斜。

（1）地层可钻性的各向异性，即地层可钻性在不同方向上的不均匀性。如图7-3所示，沉积岩都有垂直层面方向的可钻性高、平行层面方向的可钻性低的特性。钻头总是有向容易钻进的方向前进的趋势。在地层倾斜的情况下，当地层倾角小于45°时，钻头前进方向偏向垂直地层层面的方向，于是偏离铅垂线。当地层倾角超过60°以后，钻头前进方向则是沿着平行地层层面方向下滑，偏离铅垂线。当地层倾角在54°～60°之间时，孔斜方向属不稳定状态。

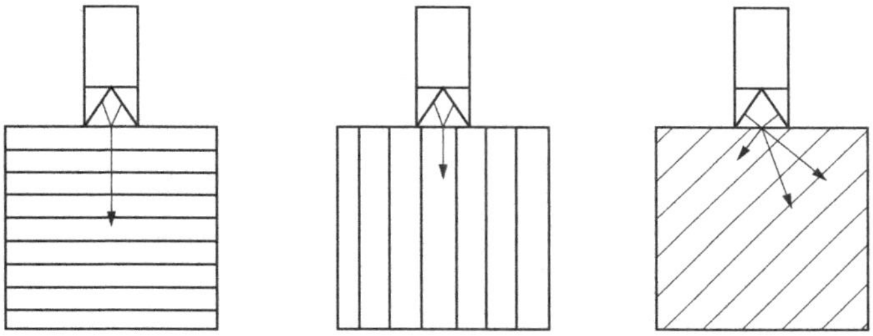

图7-3　地层可钻性在不同方向上的示意

（2）地层可钻性的纵向变化。地层在沉积过程中，由于沉积环境的不同和变化，形成了沿垂直于地层层面方向可钻性的变化，俗称“软硬交错”。这里的“纵向变化”是指沿钻头轴线方向遇到这种“软硬交错”。如图7-4所示，由于地层倾斜，钻头底面上，遇到“软”地层的一侧容易钻，该侧的钻速高；而另一侧遇到“硬”地层则钻速低。于是孔眼轴线偏离，发生孔斜。

（3）地层可钻性的横向变化。地层可钻性不仅沿垂直于地层层面方向有变化，而且在平行于地层层面方向也有变化。这里的“横向变化”是指垂直于钻头轴线方向上可钻性的变化。如图7-5所示，在钻头的一侧下面钻遇溶洞或较疏松的地层，而另一侧则钻遇较致密的地层。于是钻头前

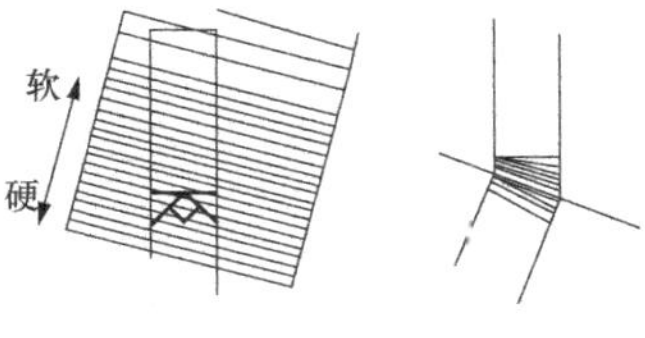

图7-4　地层可钻性纵向变化引起的孔斜

进方向发生偏离。

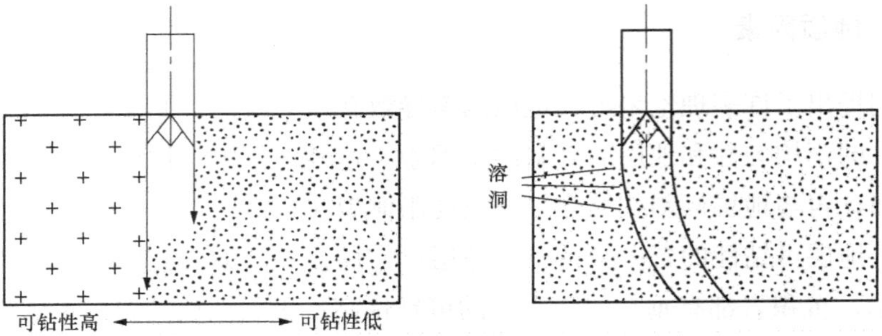

图 7-5　地层可钻性的横向变化引起的孔斜

从以上分析可知，地层可钻性的各种不均匀性和地层倾斜引起孔斜的机理主要体现在钻头对孔底的不对称切削，使钻头轴线相对于孔眼轴线发生倾斜，致使钻孔孔眼出现偏差。

三、钻具原因

钻具导致孔斜的主要原因是钻具的倾斜和弯曲。影响最大的是靠近钻头底部的钻具，称作“底部钻具组合”。钻具底部的弯曲将产生两个后果：一是引起钻头倾斜，在孔底形成不对称切削，如图 7-6 所示，新钻的孔眼将不断的偏离原孔眼的方向；二是使钻头受到侧向力的作用，迫使钻头进行侧向切削，如图 7-7 所示，这样也将使新钻的孔眼将不断地偏离原孔眼方向。

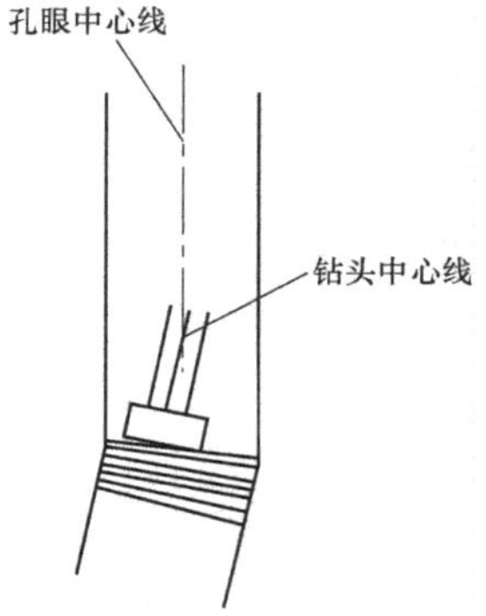

图 7-6　钻头不对称切削导致孔斜

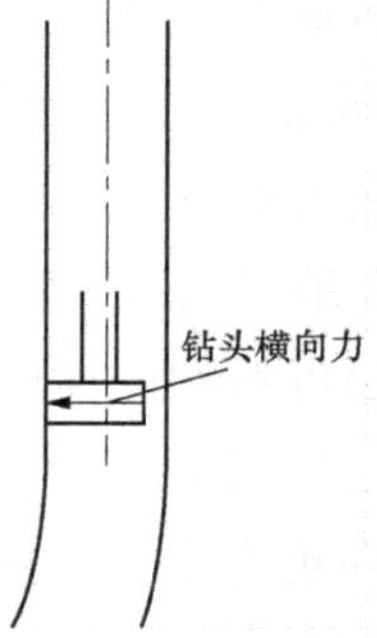

图 7-7　钻头侧向切削导致孔斜

是什么原因导致钻具的倾斜和弯曲呢?

首先，由于钻具直径小于孔眼的直径，钻具和孔眼之间有一定的间隙，所以钻具在孔眼内活动余地很大，这就给钻具的倾斜和弯曲创造了空间条件。

其次，由于钻压的作用，下部钻具受压后必将靠向孔壁一侧倾斜。当压力超过一定值后，钻杆将发生弯曲。弯曲钻杆将使靠近钻头的钻具倾斜更大。

四、孔眼扩大

除上述地质和钻具原因外，孔眼扩大也是孔斜的重要原因，孔眼扩大后钻头可在孔眼内左右移动，靠向一侧，也可使受压弯曲的钻杆挠度加大，于是钻头轴线与孔眼轴线不重合，导致孔斜。

五、其他因素影响

(1) 对于特殊地质条件结构缺少相应技术规范或以往措施没有对特殊部位做相应的应对措施。

(2) 钻机操作人员质量意识淡薄、操作技能较低。

(3) 施工过程监督管理力度不足等。

第三节　孔斜预防及处理方法

一、孔斜的预防

1. 孔斜的一般要求

根据《水工建筑物水泥灌浆施工技术规范》(DL/T 5148—2012) 的要求帷幕灌浆孔应进行孔斜测量。当孔向为垂直或顶角小于5°时，孔底偏差不得大于表7-1的规定。

表7-1　　　　帷幕孔孔底偏差值

孔深 (m)	20	30	40	50	60	80	≥100
最大允许偏差 (m)	0.25	0.50	0.80	1.15	1.50	2.00	≤2.5

当孔向为顶角大于5°时的斜孔时，孔底最大允许偏差值可根据实际情况按表7-1的规定适当放宽，但方位角的偏差值不应大于5°。孔深大于100m时，孔底最大允许偏差根据实际情况确定。钻进过程中，应重点控制孔深20m以内的偏差。搭接帷幕的辐射角偏差不应大于2.5°。因此孔斜的控制极其重要。

造成孔斜的原因中，地质原因是客观存在的，是无法改变的。因此，在灌浆工程施工前应了解该区域的岩性，针对该区域的地质情况，采取不同的钻孔工艺（如选用合适的钻机类型、钻具形式、施工安排等），并对特殊地段加大检测频次，做到预防为主，纠偏为辅。

2. 选用适宜机具

（1）选用适宜的钻机。例如白鹤滩左岸厂房防渗帷幕孔深最深达 120.2m，根据以往类似工程施工经验及现场施工环境条件限制，钻孔设备宜选用 XY - 2B 钻机。钻机投入施工前必须先对卡盘维护检修，并校正立轴，确保设备保持优良的技术状态。

（2）选用刚度大的钻杆。钻杆投入施工前必须先进行筛选和校直，弯曲或丝扣磨损的钻杆不得使用。

（3）选用加扶正器的钻具组合。对于容易倾斜的地层，采用扶正器钻具组合是最好的解决办法。如图 7 - 8 所示，自下而上分别为：

1）第一扶正器。紧装在钻头之上与钻头直径紧差 1～2mm。在易斜地区，第一扶的长度可加长；在特别易斜的地层，可将两个扶正器串联起来，作为第一扶。第一扶的主要作用是，依靠其支撑在尚未扩大的孔壁上，抵抗钻头所受的侧向力，有效地防止钻头侧向切削。同时，第一扶由于直径大、长度长、刚性大，也可有效防止钻头倾斜，从而阻止钻头的不对称切削。

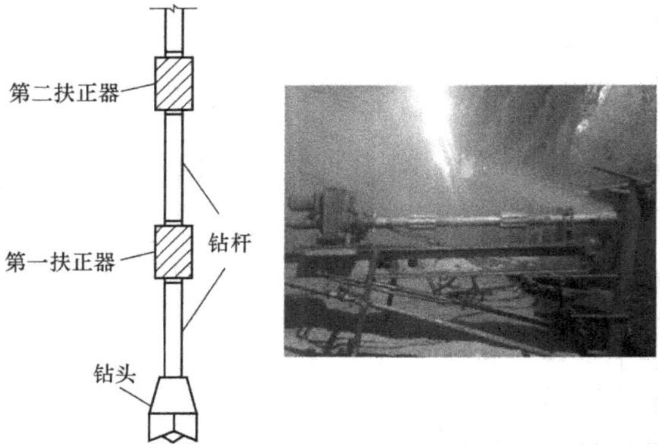

图 7 - 8　加扶正器的钻具组合结构

2）第二扶正器。第二扶正器的主要作用是保证第二扶与钻头之间的钻杆不发生弯曲，使该段钻杆不发生倾斜，从而防止钻头对孔底的不对称切削。

3）在特别容易倾斜的地区，也可加装第三扶正器甚至是第四扶正器。直径要求与上一扶正器相同，主要作用在于协助上一扶正器，防止下部钻杆轴线发生倾斜。

3. 钻孔前准备工作

（1）技术质量交底：根据钻孔设计要求及参数，对质量控制重点、难点进行技术质量交底，保证一线工人熟练掌握钻孔参数及控制重点。

（2）孔位放样：首先由专职测量人员采用全站仪进行单元控制桩号放样（根据现场需要进行加密放样），若是斜孔必须放样方位角控制线，再由现场技术质检利用钢卷尺、皮尺等测量工具放样确切孔位。

（3）钻机就位：校正钻孔方位角及倾角后用地锚将钻机固定，钻机的固定应稳固、周正、水平。垫平时严禁钻机机台木与地面呈点接触。

4. 孔口段钻孔及镶铸孔口管控制

孔口段钻孔和孔口管镶铸质量直接影响钻孔及灌浆质量，因此孔口段钻孔及埋管质量至关重要。

（1）第一段钻孔完成后，必须严格对孔斜、孔深进行验收，合格后才能进行灌浆施工。

（2）孔口管镶铸时必须利用地质罗盘、水平尺、三角尺等测量工具对孔口管的倾角、方位角进行校核，校核无误后对孔口管进行镶铸。

5. 其他注意事项

（1）钻孔施工过程控制必须严格执行“三检”和“五不许”制度。开钻要求：①准钻准灌证未签证，不许开钻；②钻孔角度（倾角、方位角）未经质检校核，不许开钻；③钻机未整平，不许开钻；④钻机未打地锚固定，不许开钻；⑤钻工未经过技术、质量培训，不许开钻。

（2）钻进倾斜灌浆孔时，钻杆钻具由于自重作用，顶角必然会发生变化，应结合设计倾角、地层走向、钻机性能等提前在孔口段对设计顶角做适当调整。钻孔较深以后注意钻压、钻速的调整，必要时减速减压钻进。

（3）使用导向性能良好的金刚石钻头、长钻具、长扩孔器，每次起下钻前均要求仔细检查钻杆、钻具的磨损情况，如发现有弯曲的钻具或有磨损较严重的立轴导管、岩芯管、钻杆时，应及时更换。

（4）钻进中当岩层变换时（无论是软硬变换，还是完整破碎变换等情况），均应减压慢速钻进。

（5）钻进中，应勤检查钻机有无移动，地锚、平撑有无松动，立轴钻进的方向有无变化，发现问题应及时纠正。

（6）针对深孔前 20m 每段必须测斜，20m 以后至终孔段每两段测斜一次，过程中发现孔斜偏距不满足设计要求时，及时采取措施进行纠偏，从而保证终孔偏距不超过设计要求。

二、孔斜的处理方法

1. 短钻具纠偏

无论是地层可钻性的不均匀性或地层的倾斜，还是钻具的倾斜和弯曲导致钻孔产生偏斜后，首先用长度短于1.5m的粗径钻具从偏斜处进行矫正。主要通过用低压力慢转速的操作方法钻进3～5m后进行钻孔测斜。如果孔斜度已减少，则可使用正常钻具钻进；如果纠偏无效，则应使用长钻具纠偏。

2. 长钻具纠偏

长钻具纠偏主要是在短钻具纠偏无效或距离终孔位置较短的情况下应用。一般情况下，加长后的钻具长度不小于原钻具的2倍。钻具加长后，将会增大钻具按原方向继续钻进的控制力，使原有的孔斜度不再继续扩大，从而达到有效的纠偏。

3. 回填扫孔法

回填扫孔法是发现偏斜值超过允许值较多时，先不进行纠偏处理，按正常程序继续进行灌浆，当灌浆结束后时，用比例为0.5∶1的浓浆（可加适量的速凝剂）置换出孔内稀浆，并待凝24～48h后再扫孔。扫孔时注意控制钻压并随时检测孔斜，可使已偏斜的钻孔段得到有效的纠正。

4. 补孔法

补孔法分灌浆阶段补孔和检查阶段补孔两种情况。

（1）灌浆阶段补孔。在灌浆施工中，当发现钻孔偏斜严重时，为防止严重的孔斜对灌浆质量产生影响，可在该孔附近补钻新的灌浆孔。

（2）检查阶段补孔。灌浆施工结束布置检查孔位置时，可结合灌浆施工资料的综合分析，在因孔斜超标可能漏灌的地方布置检查孔，使其得到补强。

思考题

1. 简要描述钻孔发生偏斜的原因。
2. 简要叙述预防孔斜的方法。
3. 钻孔纠偏有哪些方法？

实训题

现场熟悉并操作钻孔测斜仪的使用？

第八章　钻孔事故的预防和处理

在钻探过程中，坍孔、掉钻落物、糊钻埋钻、钻杆折断等控制始终是一个难题，会给施工生产、安全、质量带来极为不利的影响。为了减少事故的发生，寻求既适用又经济，既方便又高效，既稳定又安全的工艺方法，经查阅相关资料，以及对施工现场的生产经验进行总结和分析，我们汇总成文，以便大家学习和交流。

第一节　坍　　孔

一、坍孔的原因

（1）地质条件差，岩石具有松散性和流散性，松散、容易破碎和坍塌，遇水时更易发生坍孔。

（2）岩石具有透水性。孔隙大的岩石易透水，其强度和稳定性也会因此降低。在透水性强的岩层中钻进，易发生渗透性漏失或涌水，在水的作用下，也会产生坍孔。

（3）在钻孔过程中，操作人员操作钻机不当。如在起钻时，猛拉猛提，致使钻杆或钻具撞击孔壁，造成坍孔；卸钻杆时敲击钻杆，振动孔壁，造成坍孔。

（4）在松软沙层中，钻进进尺太大。

（5）钻机性能不满足施工要求，设备陈旧，稳定性差。

二、坍孔的预防和处理

（1）施工前摸清地质水文情况，针对破碎岩层制定专项方案。

（2）在松散砂土或流砂中钻进时，应控制钻进速度、钻压等钻孔参数。

（3）发生渗透性漏失或涌水、透水性大的施工孔段，应仔细观察孔内情况，根据情况采取适当的措施。

（4）如发生孔内坍塌，判明坍塌位置，可根据实际情况，缩短段长，或压浆后钻进。

（5）对钻孔作业人员进行专业培训，增强作业人员操作技能和责任心。

（6）设备进场前应认真检查，保证设备在施工过程中正常运行。

第二节 掉钻落物

一、掉钻落物原因

（1）卡钻时强提强扭，操作不当，使钻杆超负荷或疲劳断裂。

（2）钻杆接头不良或滑丝。

（3）电动机接线错误，钻机反向旋转，钻杆松脱。这种情况一般很少出现。

（4）钻孔施工过程中，提钻时由于卷扬机打滑或滑轮未挂稳妥，瞬间滑落。

（5）钢线绳与钻杆挂篮处钢丝绳的绳卡数量不足或松弛。

（6）钢丝绳过度陈旧，断丝太多，未及时更换。

（7）操作不慎，工器具摆放不整齐或其他杂物未及时清理，掉入孔内。

二、预防措施

（1）在钻孔过程中，操作钻机时应根据地质情况适当控制转速、钻压。

（2）开钻前应清除孔施工面杂物，零星铁件、工器具应归类，并摆放整齐。

（3）经常检查钻具、钻杆、钢丝绳和联结装置。

（4）施工过程中，若因故停钻或终孔后应保护好孔口。

第三节 糊钻和埋钻

一、糊钻和埋钻原因

糊钻和埋钻常出现于正、反循环（含潜水钻机）回转钻进。正反循环回转钻进过程中，糊钻的表征是在细粒土层中钻进时进尺缓慢，甚至不进尺，出现不反返水现象，在粘土中冲击孔时，由于地层含泥量高，泥浆黏度大、钻渣多、钻杆内径过小，钻具堵塞以致钻头被糊住或被埋住。

（1）地质，地下水文情况复杂，无法准确判断和估计钻进中的情况。

（2）含沙率，含泥率高，钻机故障，导致钻具在孔内停留时间过长，沉渣把钻具埋住。

（3）由于地层含泥量高，进尺速度过快，导致孔底沉渣过多，或钻进时受冲洗液的影响，出现坍孔，而此时，返水变小，无法将孔内沉渣冲出。

（4）由于使用的钻具和钻杆大小不一致（一般钻具采用 $\phi75$，钻杆为 $\phi56$），故钻具被沉渣所埋。

二、预防和处理办法

（1）根据地质，地下水文情况调整钻孔方法。

（2）按时保养维护设备，开机检查设备，可有效降低设备故障率。

（3）在钻机操作过程中，注意控制钻进压力和转速，提钻时应缓慢上提，以免振动孔壁，造成坍塌。

（4）由于地层含泥量高，成孔率低，可适当缩短进尺，进行护壁处理后再往下钻进。

（5）若糊钻严重，应立即停钻进行处理。

第四节　扩孔和缩孔

一、扩孔

扩孔较多见，一般为局部的孔径过大。在地下水呈运动状态、土质松散地层处或钻杆摆动过大，容易出现扩孔，扩孔发生原因与坍孔相同，轻则为扩孔，重则为坍孔。若只因孔内局部发生坍塌而扩孔，钻孔仍能达到设计深度则不必处理，只是钻杆摆动太大，长期研磨孔壁，致使孔壁失圆对下一步工序造成影响。若扩孔后对下一工序产生影响，应按事故处理。

二、缩孔

钻孔某一部位的直径小于设计要求，或从某一部位开始，孔径逐渐缩小。

（1）原因分析。

1）地质构造中含有软弱层，在钻孔通过该层过程中，软弱层在土压力的作用下，向孔内挤压形成缩孔。

2）地质构造中塑性土层，遇水膨胀，形成缩孔。

3）钻头磨损过快，从而形成缩孔。

（2）预防措施。

1）根据地质钻探资料及钻井中的土质变化，若发现含有软弱层或塑性土时，要注意经常扫孔。

2）经常检查钻头，当出现磨损时要及时更换。

（3）处理措施。当出现缩孔时，可用钻头反复扫孔，直到满足设计孔径为止。

第五节 钻杆折断

一、折断原因

（1）水文地质或地质条件差，孔故频繁发生，致使钻杆长时间在非正常情况下扭转。

（2）钻机安装不平稳，摆动大。

（3）钻孔参数不符合要求，钻进过程中选用的转速、钻压不当，钻孔角度不符合要求，使钻杆所受的扭转或弯曲等应力增大，因而折断。

（4）钻杆使用过久，连接处有损伤或接头磨损过甚。

（5）地质坚硬，进尺太快，使钻杆超负荷工作。

（6）孔中掉入异物，突然增加阻力而没有及时停钻。

二、预防和处理

（1）不使用弯曲严重的钻杆，要求各节钻杆的连接和钻杆与钻头的连接丝扣完好，以螺套连接的钻杆接头要有防止反转松脱的固锁设施。

（2）在钻机安装时，应用水平尺、罗盘仔细校核后方可开钻。

（3）钻进过程中，要严格按照钻孔参数，控制好进尺、钻机转度、钻压等。遇到坚硬、复杂的地质，应认真仔细操作。

（4）钻进过程中，要经常检查钻具各部分的磨损情况和接头强度是否满足要求。不满足要求的，要及时更换。

（5）在钻进过程中若遇异物，须经处理后再钻进。

（6）如已发生钻杆折断事故，可按前述打捞方法将掉落钻杆打捞上来。并检查原因，换用新或大钻杆继续钻进。

思考题

1. 试述怎样预防钻孔塌孔。
2. 钻孔糊钻和埋钻的原因有哪些？
3. 怎样和预防钻杆折断事故？

实训题

现场熟悉并掌握各类钻孔事故处理或打捞工具。

第九章　钻孔施工质量及验收

第一节　质量检验要求

一、钻孔质量要求

（1）在基础处理工程施工中钻孔所占工程量比例较大，是影响工期和费用的关键因素。在钻孔施工时，应根据设计要求的钻孔参数和地层类型，确定适用的钻孔设备和工艺，力求达到提高工作效率和降低工程费用的目的。

（2）应对工程部位的地层岩性、硬度、等级、可钻性等情况进行了解，根据钻孔设计要求和不同地层条件，选择不同的钻孔机具和钻孔方法。

（3）钻孔应满足设计图纸要求的参数，其误差应控制在规定的范围内。

（4）钻孔应保证在钻进、锚固安装和注浆过程中的稳定性，钻孔完成后应及时后续工程施工。

（5）钻孔用水宜使用清水，不宜使用膨润土悬浊液和泥浆，当钻孔用水可能影响地层的稳定性时，应采用无水钻进。

（6）钻孔及孔壁上附着的粉尘、泥屑应使用高压空气或水进行彻底清洗，以确保注浆体与孔壁的粘结强度。

（7）当钻孔过程中有地下水从孔口溢出时，应采用相应的工程措施进行处理。

（8）对于下倾的钻孔，待钻孔完成并清洗干净后，应对孔口进行暂时封堵，不得使碎屑、杂物进入孔口。

（9）在钻孔过程中，应注意钻孔速度、返回介质的成分与数量、地下水等资料的收集与记录，发现异常现象应及时向设计人员汇报。

二、钻孔质量检查内容

钻孔检查的主要内容有孔位、孔径、孔斜、终孔深度，孔壁有无错台、松动碎石。洗孔、裸孔保护、孔内渗水。

1. 钻孔质量检查要求

（1）钻孔的深度、孔径均不得小于设计值，倾角、方位角应符合设计要求，其允许误差如下：

1）孔深误差不得大于 20cm。

2）机械式工作单元有孔径要求的不得大于设计要求的 3%，最大不得大于 5mm。

3）孔斜误差不得大于 3%，凡有特殊要求时，其孔斜误差不宜大于 0.8%。

4）孔口坐标误差不得大于 10cm。

5）孔轴线：某些重点工程要求孔轴线在空间为一条沿着设计规定孔向的准直线。

（2）钻孔过程中，如遇黏性土、塑性流变或高地应力的岩层时，应考虑缩径影响，一般要求如下：

1）应按设计要求测定孔位，孔位坐标误差不应大于 10cm，有移位的钻孔应有设计更改通知。

2）终孔孔轴偏差不应大于孔深的 2%，方位角偏差不应大于 3 度。如设计有特殊要求时，按其要求执行。

3）终孔孔深宜大于设计孔深 40cm，终孔孔径应满足设计要求。上仰孔（悬吊索）超深应大于浆体沉缩量。

4）钻孔直径应满足架线环、压力分散型锚固承载体结构尺寸的要求。

第二节　验收标准

设计技术要求和各行业规范要求。

第三节　验收提交资料

一、质量记录

施工中应具备的质量文件有：

（1）钻孔施工方案或钻孔作业交底书。

（2）钻孔施工记录表。

（3）钻孔测斜记录表。

（4）对质量不合格部位的返工、处理情况的记录。

二、施工质量评定

需要提交造孔质量评定表，表格格式如下：

钻孔质量评定表

施工单位：　　　　　　　　　　　　　　　　　　　　　　合同编号：

<table>
<tr><td colspan="2">单位工程名称</td><td></td><td>分部工程名称</td><td></td><td>工程部位</td><td></td></tr>
<tr><td colspan="2">锚孔编号</td><td></td><td>锚固吨位 kN</td><td></td><td>锚固类型</td><td></td></tr>
<tr><td colspan="2">项目</td><td>单位</td><td>质量要求</td><td></td><td>检测记录</td><td></td></tr>
<tr><td colspan="2">孔口桩号</td><td></td><td></td><td></td><td></td><td></td></tr>
<tr><td colspan="2"></td><td></td><td></td><td></td><td></td><td></td></tr>
<tr><td colspan="2">孔口高程</td><td>m</td><td></td><td></td><td></td><td></td></tr>
<tr><td colspan="2">方位角</td><td></td><td></td><td></td><td></td><td></td></tr>
<tr><td colspan="2">倾角</td><td></td><td></td><td></td><td></td><td></td></tr>
<tr><td colspan="2">孔径</td><td>mm</td><td></td><td></td><td></td><td></td></tr>
<tr><td colspan="2">孔深</td><td>m</td><td></td><td></td><td></td><td></td></tr>
<tr><td colspan="2">终孔孔斜</td><td>%或 m</td><td></td><td></td><td></td><td></td></tr>
<tr><td rowspan="3">内锚固段</td><td>地质情况</td><td colspan="5"></td></tr>
<tr><td>岩体波速</td><td>cm/s</td><td colspan="4"></td></tr>
<tr><td>透水率</td><td>Lu</td><td colspan="4"></td></tr>
<tr><td colspan="2">地质缺陷处理</td><td colspan="5">地质缺陷；处理措施及处理效果等</td></tr>
<tr><td colspan="2">跟套管及固结灌浆情况</td><td colspan="5">套管规格；跟管深度；固结灌浆水泥品种，灌浆浆液，灌浆压力及耗灰量等</td></tr>
<tr><td colspan="2">孔道清洗</td><td colspan="5"></td></tr>
<tr><td colspan="2">施工依据</td><td colspan="5"></td></tr>
<tr><td colspan="2" rowspan="5">质量评定情况</td><td>合格</td><td>合格</td><td>合格</td><td colspan="2">合格</td></tr>
<tr><td>优良</td><td>优良</td><td>优良</td><td colspan="2">优良</td></tr>
<tr><td></td><td></td><td></td><td colspan="2"></td></tr>
<tr><td>初检：</td><td>复检：</td><td>终检：</td><td colspan="2">监理：</td></tr>
<tr><td>日期：　年　月　日</td><td>日期：　年　月　日</td><td>日期：　年　月　日</td><td colspan="2">日期：　年　月　日</td></tr>
<tr><td colspan="2">其他</td><td colspan="5"></td></tr>
<tr><td colspan="7">注 1：质量根据设计要求填写。
注 2：质量记录以监理工程师确认为准</td></tr>
</table>

思考题

1. 试述钻孔质量检查的内容。
2. 钻孔质量记录包括哪些文件。

实训题

根据要求现场填写钻孔施工质量评定表。

第十章　钻孔施工组织与管理

第一节　施工准备工作

施工准备就是指工程施工前所需要做的工作。它不仅在开工前要做，开工后也要做，它是有组织、有计划、有步骤分阶段地贯穿于整个工程建设的始终。认真细致地做好施工准备工作，对充分发挥各方面的积极因素，合理利用资源，加快施工速度、提高工程质量、确保施工安全、降低工程成本及获得较好的经济效益。

一、三通一平

三通一平是指基本建设项目开工的前提条件。具体指．水通、电通、路通和场地平整。

（1）水通。专指给水。即生活用水与施工用水均满足要求。

（2）电通。指施工用电接到施工现场具备施工条件。

（3）路通。指场外道路已铺到施工现场周围入口处，满足车辆出入条件。

（4）场地平整。指拟生活区、办公区及施工现场基本平整，无需机械平整，人工简单平整即可进入施工的状态。

也有特殊施工行业会相对要求多一些的，如五通一平，包括通电、通路、通水、通信、排水、土地平整；七通一平，包括通电、通路、通水、通讯、排水、热力、燃气、土地平整。在石油化工建设中，现场施工对此要求相对要多一点。

二、资料准备

开工前应具备的资料应完善，并经监理工程师签字确认，一式三份，一份放施工现场备查，一份由施工单位保管，一份由监理单位保管。资料应整洁干净，无涂改、清晰明了，采用专业术语，描述准确恰当。

（1）施工图纸及相关技术参数符合要求，并通过审批。

（2）报批的施工技术措施或施工方案已通过批准。

（3）施工所需的各项工序资料样本必须齐全。

（4）孔位测量放样合格，孔位测量放样表经现场监理确认签字。

（5）准钻、准灌证已获得现场监理签字确认。

三、人员及设备物质

（1）施工人员。包括施工现场的各类人员。主要有：①现场管理人员，如施工管理员、安全管理人员、资料员、三检（初检、复检、终检）人员；②设备操作人员（钻工）、文明施工管理人员；③特种作业人员，如电工、焊工、吊车司机。

（2）钻孔施工物资材料。物资材料主要包括水湾头、钻杆、接头、钻具、钻头、轴承、冷却液、膨润土、油类等。

（3）设备及工器具。

1）钻机和排污泵。钻机和排污泵是钻孔施工中常用的主要设备，选用时应注意设备的性能是否满足要求，检查设备的完好状态。

2）施工使用的工器具包括：①处理孔故实用工具：吊锤、公锥，母锥。②常用工具：管钳、三环钳、垫插、榔锤。③仪器仪表及量测工具：罗盘、千分表、游标卡尺、角度尺、水平尺、钢卷尺、测绳、测斜仪等。

第二节　施工组织设计

施工组织设计是组织施工的总体指导性文件。编制和贯彻好施工组织设计是在施工过程中体现国家方针政策、遵守合同规定、科学组织施工，从而达到预期的质量目标和工期目标、提高劳动生产率、降低消耗、保证安全的重要手段。

钻孔的施工组织设计，是钻孔项目在投标、施工阶段必须提交的技术文件，以下所指的施工组织设计是中标后组织实施阶段的施工组织设计，内容包括：

（1）工程概况与特点。

（2）施工平面布置图。

（3）施工部署和管理体系。

（4）施工方案及技术措施。

（5）施工进度计划。

（6）资源配置。

（7）施工质量保证计划。

（8）安全保证措施。

（9）环境保护措施。

第三节　钻孔施工安全

安全生产是企业的头等大事，企业的各项工作都应为安全生产创造条件。钻孔施工工程安全应严格按国家法律法规及相应规程规范要求执行。一般在施工中应注意以下安全要求：

一、钻孔施工人员安全防护要求

1. 钻孔施工人员必须经过岗前安全培训教育，经考试合格后方可进入岗位，并在班长或熟练工人指导下进行操作。

2. 钻孔施工人员应遵守以下安全规定：

（1）进入钻场工作时，必须穿戴整齐的工作服和安全帽，必须穿工作鞋，不得赤脚或穿拖鞋；上班前和上班时严禁喝酒。

（2）在钻塔上工作时，必须系牢安全带。

（3）钻场设备安装后，机长必须进行安全检查，确认安装合格，方可开钻。

（4）钻场内应备有外伤药品。

（5）严禁闲散人员进入钻孔施工现场。

二、钻孔施工场地安全要求

（1）施工现场机具摆放整齐有序，各种标志、标识正确醒目，满足安全文明施工标准。

（2）施工场地应符合安全标准要求，高陡边坡、填方等特殊性部位应采取必要的安全防护措施。

（3）钻机就位时，钻孔位置如果土质比较松软，应夯实地面或用枕木垫平，保证钻架的安全稳定和钻孔的垂直度。

（4）控制箱电气开关、闸刀等须放置在防雨棚或防雨罩，设漏电保护器以防漏电。

（5）配电箱以及其他供电设备不得置于水中或者泥浆中，电线接头牢固并绝缘，输电线路应架空，且设有漏电开关。

（6）施工作业平台必须规整平顺，杂物必须清除干净，防止拆除钻具时将工作人员绊倒造成事故。

（7）钻孔施工现场必须设置安全警示标志，附近泥浆池应设有围挡。

（8）作业现场应经常打扫并保持清洁，垃圾应集中堆放并及时清理、运送至指定地点。

三、设备安装安全要求

（1）安装钻机的场地应平整、坚实。若在松软地层处安装钻机，应对地基进行处理，然后铺垫枕木，保证钻机在工作时的稳固性，以免钻机在钻进施工中发生局部下沉，影响钻孔精度。

（2）安装前应注意和检查机器状况，如发现升降机、钢丝绳、传动部件等有损坏或机件操作不灵等情况，应及时检查修理或更换。

（3）设备安装必须稳固、周正、水平。

（4）设备各部件安装应符合要求。

（5）安装各种机电设备时，禁止用大锤猛力敲打或盲目乱装。

（6）在机座孔眼与螺杆（或其他部件孔）相对时，不得伸手试探。

（7）安装钻塔工作，应在安装队长或机班长的指导下，上塔工作时必须系安全带，不得穿硬塑料底鞋，必要的工具、螺栓应放在工具袋内。

（8）设备安装调试合格后，应进行检查，并按标准要求对该设备进行验收，经组织验收合格后方能正常使用。

（9）使用前要对设备使用人员进行必要的安全技术交底和教育工作，使用人员必须严格执行交底内容及按操作规程操作。

（10）所有设备工作之前必须进行安全检查。

四、钻孔施工操作安全要求

（1）开动设备时，班长应先通知该设备附近人员，确认设备运转部位无人靠近时再开动。

（2）设备运转时，不得进行部件擦洗、加油、拆卸和修理，发现响声异常时，应立即停机检查。

（3）钻进中应经常注意和检查机器运行情况，如发现升降机、离合器、变速箱、钢丝绳、其他传动部件等有损坏或机件操作不灵等情况，应及时停机检查修理，严禁带“病”作业。

（4）应经常检查升降机的制动装置、离合器装置、提引器、拧卸工具等是否安全、使用灵活；并要定期加油。

（5）严禁操作人员和其他人员在升降作业时用手触摸钢丝绳。

（6）应定期检查钢丝绳的磨损情况，每一捻距内断丝数超过 1/7 时应立即更换。

（7）孔口操作人员在升降钻具时必须站在钻具起落范围以外；摘挂提引器时，应防止回绳弹打；抽插垫叉时防止砸手。

（8）跑钻时严禁抢插垫叉。

（9）反脱孔内钻具时，操作人员必须站在手柄反转范围之外；反钻具时，尽可能采用机械操作或棘轮反管器等带有保险装置的器具。

（10）使用千斤顶起拔钻具时，千斤顶卡瓦应拴绑牢固，并挂好提引器，严防钻杆顶断后窜起或卡瓦飞出伤人。

（11）下钻速度不能过快，应用闸把控制下落速度，以免造成钻具脱落、卡钻等事故。

（12）操作离合器手把时，用力应平稳，不得猛拉猛推，以免造成钻机冲击载荷过大而造成损坏。

（13）钻进中，发现有塌孔迹象，应立即采取措施处理，避免埋钻或卡钻。

（14）钻机突然发生故障时，应立即拉开离合器，如离合器操作失灵，应立即停机，并采取措施确保钻孔施工安全。

五、钻孔施工用电安全要求

（1）认真学习安全用电知识，提高自己防范触电的能力，电器设备线路安装、维护必须由专业电工操作。

（2）电器设备一定要有保护接零和保护接地装置。并经常进行检查，确保其安全可靠。

（3）电气设备要有一定的绝缘电阻，固定设备的绝缘电阻不能低于 0.5MΩ，可移动设备绝缘电阻不应低于 1MΩ；要定期测量电气设备的电阻，检查是否符合标准。

（4）根据线路安全载流量配置设备和导线，不得任意增加负荷，防止过流发热而引起短路、漏电；更换线路保险丝时不要随意加大规格，更不要用其他金属丝代替。

（5）在安装照明线路时，必须做到火线进开关。

（6）修理电器设备和移动电器设备时，要完全断电，在醒目位置悬挂“禁止合闸，有人工作”的安全标示牌；未经验电的设备和线路一律认为有电；带电容的设备要先放电，可移动的设备要防止拉断电线。

（7）使用中经常接触的配电箱、配电盘、闸刀、按钮、插座、导线等要完好无损；绝缘老化、损坏的要及时更换。

（8）根据生产场地的环境选择照明电压，一般悬挂式照明，可选用220V电压供电；对于人体接触机会较多的行道灯，应选用36V安全电压供电；如果在潮湿、有导电灰尘、有腐蚀性气体的情况下，则应选用24V、12V或更低的电压供电。

（9）电线及电器上不允许放置物品。如衣服、工具、雨具等以防触电。

（10）雷雨天应远离高压电杆、铁塔和避雷针。

（11）钻孔施工中要确保与高压线的安全保护距离，钻塔安装距离高压输电线距离不得小于30m。

六、钻孔施工消防安全要求

（1）钻场要有明显的防火宣传标志。

（2）钻场内必须配备足够的灭火器和砂箱、锹、桶等灭火用具，并不准移作他用。

（3）钻场内严禁用明火照明，在油料附近禁止生火或用火烘烤油料。

（4）钻场必须设置临时消防通道，并保证临时消防通道的畅通，禁止在临时消防通道上堆物、堆料或挤占临时消防通道。

（5）施工现场存放易燃、可燃材料的库房，如木工加工场所、油漆配料房及防水作业场所等不得使用明露高热强光源灯具。

（6）库房应采用非燃材料支搭。易燃易爆物品必须有严格的防火措施，应专库储存，分类单独存放。不准在工场内、库房内调配油漆、烯料。

（7）不准在高压架空线下面搭设临时性建筑物或堆放可燃物品。

（8）工程区内场地不准存放易燃、可燃材料，因施工需要进入工程区内的可燃材料，要根据工程计划限量进入并采取可靠的防火措施。

（9）钻场和生活区，未经批准不得使用电热器具。严禁工程中明火保温施工及宿舍内明火取暖。

（10）在塔上工作时禁止吸烟；在场房内吸烟时不准乱丢烟蒂，以防引起火灾。

七、其他安全要求

(1) 钻场防寒应遵守以下安全要求：

1) 在高寒区钻孔，柴油机、水泵停用时，应放净积水，以防冻裂机器。

2) 送水管路停止供水时，应放净管内积水。

3) 钻场内应有取暖设施。

(2) 钻场防风应遵守以下安全要求：

1) 高 10m 以上的钻塔，应设安全绷绳。

2) 大风超过 6 级时，应增设绷绳或落下钻塔篷布。

(3) 钻场防汛应遵守以下安全要求：

1) 在汛期，大批物资应放在洪水位警戒线以上的地方；并应有山洪、泥石流、滑坡等地质灾害的避险安全防范措施。

2) 雷雨季节，钻架应设置避雷针。

第四节　钻孔施工记录

钻孔施工记录是指在钻孔施工过程中，对不同时间段孔内情况进行的详细记录。是施工过程中工序资料的一部分，是最原始的记录资料，可对今后产生的疑问通过记录的相关数据进行追溯。为此，我们应严格做好现场钻孔施工记录，做到记录真实、有备可查、查无虚漏。

一、钻孔施工记录的特点

钻孔施工记录填写时要清晰、整洁，不得涂改，若遇空格中无可填数据时，应用“/”杠去。作为施工中重要的工序资料，它具有以下特点：

(1) 钻孔资料的及时性。钻孔资料的及时性主要是要及时对钻孔施工过程中的特殊情况进行记录，不编“故事”，不写“回忆录”。

(2) 钻孔资料的真实性。真实性是施工过程中进行现场记录，每一施工工序都应符合技术要求及国家规范，为了保证数据真实性。在施工过程中要求必须现场交接班，不脱岗，勤检查。如在钻孔施工过程中的反水颜色、坍孔、掉钻、卡钻、加杆长度等。记录人员务必要求公正客观，实事求是。

(3) 钻孔资料的完整性。钻孔资料的完整性是指资料必须闭合，必须从开始到结束有完整的记录，并完善。完整性是做好工程技术资料的基础。不完整的技术资料会带来片面性，不能系统的、全面的反应钻孔施工的实际情况。

（4）钻孔资料的有序性。钻孔资料的有序性是指资料的存放整齐、有序。在工程运行过程中，能合理、有条理地分类，合理分盒、组卷，更便于查阅和检查。

二、钻孔施工记录表的内容

通常，工程用表由建设单位提供模板，以便于资料的统一管理。钻孔施工记录表作为施工现场的第一手资料，有很多在钻进过程中的信息从记录表中反映出来。这里，我们以世界级工程白鹤滩水电站钻孔记录表为例进行详细介绍（钻孔记录表附后）。钻孔施工记录表大概可划分为四部分：

1. 表头栏

该部分主要有工程名称、表格编号、合同编号、施工单位、监理单位、单元工程编码、表单流水号等。当然，有的表头会更详细一些，如还有建设单位名称等。

2. 工程信息栏

该栏又可分成四部分，见表 10-1。

表 10-1　工程信息栏

工程划分称	单位工程名称，分部、分项名称，单元工程名称
施工参数	桩号、孔号、孔口高程、钻孔顶角、方位角
施工情况	接班钻孔深度（m）、本班钻孔进尺（m）、交班钻孔深度（m）
其他	孔类型、钻机型号、钻孔方法

3. 钻进过程情况记录栏

该部分可分为六大内容，包括时间、工作内容、钻孔情况、取芯情况、冲洗情况、孔内异常情况。具体内容见表 10-2。

表 10-2　钻进过程情况记录栏

<table>
<tr><td>（时：分）</td><td colspan="2">开始、终止、间隔</td><td rowspan="6">与钻进过程有关</td></tr>
<tr><td>工作内容</td><td colspan="2">辅助或钻进</td></tr>
<tr><td rowspan="3">钻孔情况</td><td colspan="2">孔径（mm）、钻具总长（m）</td></tr>
<tr><td>机上余尺（m）</td><td>开始、终止</td></tr>
<tr><td>钻进参数</td><td>钻压（MPa）、转速（r/min）、泵量（L/min）</td></tr>
<tr><td>钻孔情况</td><td colspan="2">进尺（m）、孔深（m）</td></tr>
</table>

续表

取芯情况	回次编号、岩芯长度（m）、取芯率（%）	与地质条件有关
冲洗情况	流量（L/min）、回水情况	
孔内异常情况	变层、塌孔、掉块、涌水、串浆、抬动等	

4. 签字栏

签字栏主要是作业班组签字，即作业班组、记录、校核、年、月、日、班次。

三、钻孔施工记录表的填写要求

1. 表头栏填写

由于资料模板通常由建设单位提供，这部分我们可以根据合同通过电子输入一次确定后形成模板，不在手工填写。若建设单位有特殊要求，可与建设单位沟通协调确定后形成模板，不再手工填写。

2. 工程信息栏填写

（1）根据施工合同的要求准确填写工程的名称划分。在填写时，注意应按由大到小的顺序进行填写。

（2）根据当前施工的具体部位，准确填写施工中涉及的相关参数。如桩号、孔号、钻孔角度等。

（3）交接班孔深和本班进尺必须根据实际情况并准确计算后据实填写。这样会给施工带来很多好处，如有利于控制孔深；在出现孔故时，有利于准确判断发生孔故位置等。

（4）孔类型、钻机型号、钻孔方法根据实际情况如实填写。

3. 工作情况记录栏的填写

（1）时间和工作内容。时间是指工作内容的时间，工作内容是指当前所进行的工作，即分为辅助和钻进；时间间隔为终止时间与开始时间之差。

（2）钻孔情况。钻孔情况是指当前钻孔施工的状态。使用的钻孔参数、孔径、钻具总长、孔深及进尺。孔深和进尺应准确计算。

（3）取芯情况。取芯情况是指按技术要求，需要对地质情况深入了解或施工处理后需对处理情况进行有效检查，故而采用地质钻机进行钻孔取芯的方法进行分析和判断。钻孔取芯应勤观察，细记录。应对取出岩芯清洗干净，对其长度及回次及时编录，准确计算岩芯采取情况。

$$采取率=\frac{取出岩芯长度}{回次进尺}\times100\% \tag{10-1}$$

$$获得率=\frac{完整岩芯长度}{回次进尺}\times100\% \tag{10-2}$$

$$RQD=回次钻进中\geqslant\frac{10cm岩芯长度}{回次进尺}\times100\% \tag{10-3}$$

注：岩石质量指标（Rock Quality Designation，RQD），是国际上通用的鉴别岩石工程性质好坏的方法，由美国伊利诺斯大学提出和发展起来。该法是利用钻孔的修正岩芯采取率来评价岩石质量的优劣。即用直径为 75mm 的金刚石钻头和双层岩芯管在岩石中钻进，连续取芯，回次钻进所取岩芯中，长度大于 10cm 的岩芯段长度之和与该回次进尺的比值，以百分比表示。

（4）冲洗情况：流量是指在进行钻孔冲洗时通过实际测量，进入孔内的水和孔外反水之差。回水情况是指当前孔口反出的水是否清澈，孔内是否冲洗干净。

（5）孔内异常情况。孔内异常情况主要是指在钻孔过程中，因水文地质和不良地层的因素，造成的变层、塌孔、掉块、涌水等情况。在书写时要求据实填写，并采用专业术语填写。

以上相关参数，在施工过程中，上一工作与下一工作由于时间关系，表格会出现空白部分无可填数据，此时应用斜线“/”划去。

4. 签字栏的填写

签字栏每天必须填写完善。记录人员、复核人员必须亲自签名，不得代签，写清楚当班日期和班次。

5. 钻孔施工记录表

表格编号：××××××

钻孔施工记录表

合同编号：××/××　　单元工程编码：06-44-27-4105　　表单流水号：

承包人：××工程有限公司　　监理人：××××公司　××××监理部

单位工程名称				分部工程名称							分项工程名称							
单元工程名称				桩号							孔号					孔口高程（m）		
孔类型				钻机型号							钻孔顶角（°）					方位角（°）		
接班钻孔深度（m）				本班钻孔进尺（m）							交班钻孔深度（m）					钻孔方法		
时　间（时：分）			工作内容	钻孔情况									取芯情况			冲洗情况		孔内异常情况
				孔径（mm）	钻具总长（m）	机上余尺（m）		钻进参数			进尺（m）	孔深（m）	回次编号	岩心长度（m）	采取率（%）	流量（L/min）	回水情况	变层、塌孔、掉块、涌水、串浆、抬动等
开始	终止	间隔				开始	终止	钻压（MPa）	转速（r/min）	泵量（L/min）								

作业班组：　　记录：　　校核：　　年　月　日

第五节　文明施工与环境保护

钻孔施工应按相关要求制定文明施工规定和采取环境保护措施，污水和废浆应集中处理，避免对环境产生不良影响，一般可遵循以下原则：

（1）认真贯彻执行地方政府和业主有关文明施工的各项要求，不断提高文明施工水平，推行现代管理方法，科学组织施工，使文明施工规范化、标准化、制度化，做好现场文明施工的各项管理工作。

（2）加强宣传教育，统一思想，使全体职工认识到文明施工是企业的形象，是队伍素质的反映，是安全生产的保证，以提高职工文明施工和加强现场管理的自觉性。

（3）根据本工程实际情况，对项目经理部及各作业队负责人进行明确分工，落实文明施工现场责任区，制定相关规章制度，确保文明施工现场管理有章可循，做到事事有人负责，处处有人管。

（4）项目部对自检和监理单位组织的检查中查出文明施工存在的问题，不但要立即纠正，而且要针对文明施工的薄弱环节，抓改进和完善，使文明施工不断优化和提高。

（5）施工机械、车辆按照施工总平面布置图规定的位置和线路行驶，不得任意侵占场内道路。各种施工机械进场前先安全检查，经检查合格后方能使用；施工机械操作人员建立机组责任制，按有关规定持证上岗，禁止无证人员操作。

（6）对燃料、油料、化学品、酸、施工废水、泥浆及有害气体和尘埃等经预处理后，设沉淀池统一存放处理，不得就近排放，污染农田及鱼塘、河道。生活污水必须经严格净化处理，并经检验符合环保标准后方可排入。

（7）保护施工区域的植被树木不遭受破坏，必须尽力维持原状，也可采取移植或其他保护措施。

（8）工程完工后及时对现场进行清理，恢复原有的地形地貌，保持生态环境不变。

（9）禁止在施工现场熔沥青或焚烧油毡、油漆及其他会产生有害烟尘、恶臭气体的物质，有毒有害废弃物不得用于回填，不得污染施工现场及周围环境。

（10）工程材料运输，车辆装载不宜过满，对易产生扬尘的车辆用篷布遮盖，保持运输车辆的车容整洁，车厢完好。

（11）对工地内存放的土石方、砂石、水泥、建筑垃圾要集中堆放，采取洒水或遮盖、存库等措施，防止扬尘。

（12）及时对生活垃圾及建筑垃圾进行清理，搞好施工现场环境卫生。

（13）施工现场设置各类必要的职工生活设施，搞好环境卫生和内务，建好职工之家，搞好文体活动，办好职工食堂、饮用水供应，做好卫生防病工作，确保职工身心健康。

（14）制定生活和环境卫生管理制度，搞好职工宿舍卫生和食堂饮食卫生，并作好厕所的保洁工作，将垃圾集中堆放，统一处理。

（15）保持施工现场道路畅通，排水系统处于良好状态。随时清除建筑垃圾，保持场容场貌的整洁。

（16）认真执行国家有关安全生产和劳动保护法规，建立安全生产责任制，文明工地创建责任制，严格按照《中华人民共和国消防条例》，建立和执行防火管理制度，设置符合要求的消防设施并保持完好状态。对容易发生火灾地区或储存、使用易燃易爆器材时，采取相应的特殊的消防安全措施。

（17）加强检查监督、从严要求，持之以恒，使文明施工现场管理真正抓出成效。项目经理部对文明施工现场实行定期不定期检查，每月组织一次专项检查，对照评分，严格奖惩，交流经验，查纠不足。

思考题

1. 钻孔施工前的“三通一平”是指哪三通及一平？
2. 钻孔施工前，现场应准备哪些常用工具？
3. 钻孔施工人员在施工中表现的不安全行为有哪些？
4. 怎样防止钻孔施工中安全事故的发生？
5. 钻孔施工原始记录的特点有哪些？
6. 施工中，应怎样处理施工现场产生的废水及油污。
7. 施工现场应遵守哪些安全用电规定？
8. “四不伤害”是指什么，如何才能做到？

实训题

1. 模拟现场施工，找出施工中存在的不安全因素并纠正。
2. 根据要求，现场填写钻孔施工记录表。
3. 识别现场施工平面布置图。